JN051689

これだけ
マスター

2級

土木施工
管理技士

第一次検定

速水洋志・吉田勇人・水村俊幸 [共著]

Ohmsha

本書を発行するにあたって、内容に誤りのないようできる限りの注意を払いましたが、本書の内容を適用した結果生じたこと、また、適用できなかった結果について、著者、出版社とも一切の責任を負いませんのでご了承ください。

　本書は、「著作権法」によって、著作権等の権利が保護されている著作物です。本書の複製権・翻訳権・上映権・譲渡権・公衆送信権（送信可能化権を含む）は著作権者が保有しています。本書の全部または一部につき、無断で転載、複写複製、電子的装置への入力等をされると、著作権等の権利侵害となる場合があります。また、代行業者等の第三者によるスキャンやデジタル化は、たとえ個人や家庭内での利用であっても著作権法上認められておりませんので、ご注意ください。

　本書の無断複写は、著作権法上の制限事項を除き、禁じられています。本書の複写複製を希望される場合は、そのつど事前に下記へ連絡して許諾を得てください。

出版者著作権管理機構
（電話 03-5244-5088, FAX 03-5244-5089, e-mail：info@jcopy.or.jp）

JCOPY ＜出版者著作権管理機構 委託出版物＞

はじめに

　2級土木施工管理技士は、土木・建設の実務に携わる方にとって、とても価値のある重要な資格であり、同時に、その先にある1級土木施工管理技士へのステップとなるものです。本試験においては、受検資格に必要な実務経験年数が規定されており、また、試験の出題分野は「専門土木」以外にも「施工管理」や「法規・法令」など、非常に多岐にわたります。企業の現場で大変忙しい皆さんが、実務経験やそこから得られる知識だけで合格点に達するのは難しく、的を得た、より効率的な学習が求められます。

　本書は、2013年に発行しました『これだけマスター　2級土木施工管理技士 学科試験』を施工管理技士試験制度の改正に伴い全面的に見直し、改題改訂として発行するものです。最近の出題傾向を分析して出題頻度の高いテーマを中心にした解説と、豊富な演習問題（過去問チャレンジ）を盛り込み、効率的な学習ができるよう執筆・制作しました。合格への必須条件は、継続的な学習です。わかりやすく、かつ、コンパクトにまとまっていますので、本書を受験日まで常にそばに携えて頁をめくることで、確実に「合格」が近づくはずです。

　本書が、みなさんの合格にお役に立てれば、著者としてこの上のない喜びです。

2022年2月

速水　洋志・吉田　勇人・水村　俊幸

目 次

Ⅰ部 選択問題 土木一般 1

Ⅳ部 必須 問題 　**工事共通** 　231

受検ガイダンス

1. 2級土木施工管理技術検定の概要

土木施工管理技術検定とは

　国土交通省は、建設工事に従事する技術者の技術の向上を図ることを目的として、建設業法第27条（技術検定）の規定に基づき技術検定を行っています。技術検定には、「土木施工管理」など7種目があり、それぞれ「1級」と「2級」に区分されています。

土木施工管理技術検定の構成

　技術検定は、「第一次検定」と「第二次検定」に分けて行われます。第一次検定に合格すれば、必要な実務経験年数を経て第二次検定の受検資格が得られます。「2級」の場合、第一次検定の合格者は所要の手続き後「2級土木施工管理技士補」、第二次検定の合格者は所要の手続き後「2級土木施工管理技士」と称することができます。

2. 受検の手引き

受検資格

【第一次検定】

受検年度中における<u>年齢が17歳以上の者</u>

※すでに2級土木施工管理技士または2級土木施工管理技士補の資格を取得済みの者は、再度の受検申込みはできません。

【第二次検定】

次のイ、ロのいずれかに該当する者

イ．第一次検定の合格者で、次のいずれかに該当する者

学歴	土木施工に関する実務経験年数	
	指定学科	指定学科以外
大学卒業者 専門学校卒業者（「高度専門士」に限る）	卒業後1年以上	卒業後1年6月以上
短期大学卒業者 高等専門学校卒業者 専門学校卒業者（「専門士」に限る）	卒業後2年以上	卒業後3年以上
高等学校卒業者 中等教育学校卒業者 専門学校卒業者（「高度専門士」「専門士」を除く）	卒業後3年以上	卒業後4年6月以上
その他の者	8年以上	

※実務経験年数については、当該種別の実務経験年数です。
※実務経験年数は、2級第二次検定の前日までで計算するものとします。

ロ．第一次検定免除者

過去に2級土木施工管理技術検定 第一次検定を受検し、合格した者

※第一次検定が免除されるのは、合格した学科試験と同じ受検種目・受検種別に限ります。

詳細については、全国建設研修センターの『受検の手引』を参照ください。

受検手続き

【前期（第一次検定）】※種別は土木のみ

申込受付：例年3月上旬～中旬

試験日　：例年6月上旬

合格発表：例年7月上旬

試験地　：札幌、仙台、東京、新潟、名古屋、大阪、広島、高松、福岡、那覇

【後期（第一次検定・第二次検定、第一次検定（後期）、第二次検定）】

申込受付：例年7月上旬～中旬

試験日　：例年10月中旬

合格発表：第一次検定（後期）→例年1月中旬

　　　　　第一次検定・第二次検定、第二次検定→例年2月上旬

試験地　：札幌、釧路、青森、仙台、秋田、東京、新潟、富山、静岡、名古屋、大阪、松江、岡山、広島、高松、高知、福岡、鹿児島、那覇（第一次検定（後期）試験地については、上記試験地に熊本を追加）

> 土木施工管理技術検定に関する申込書類提出及び問い合わせ先
> 一般財団法人　全国建設研修センター　試験業務局土木試験部土木試験課
> 〒187-8540　東京都小平市喜平町2-1-2　　　　TEL　042-300-6860

　試験に関する情報は今後、変更される可能性がありますので、受験する場合は必ず、国土交通大臣指定試験機関である全国建設研修センター（https://www.jctc.jp/）等の公表する最新情報をご確認ください。

3. 第一次検定の試検形式と合格基準

試検形式

　問題は択一式で解答はマークシート方式で行い、試検時間は130分です。

　前半の選択問題（問題番号No.1〜42）は、以下のように21問を選択、解答します。

- ・問題番号No.1〜No.11（土木一般）の11問中9問を選択し解答
- ・問題番号No.12〜No.31の20問中6問を選択し解答
- ・問題番号No.32〜No.42の11問中6問を選択し解答

● 選択問題の内訳

出題分野	出題分類	出題数（問題番号）	必要な解答数
土木一般	土工、コンクリート、基礎工	11（No.1〜No.11）	9
専門土木	構造物一般、河川、砂防、道路・舗装、ダム、トンネル、海岸・港湾、鉄道・地下構造物、上・下水道	20（No.12〜No.31）	6
建設法規・法令	労働基準法、労働衛生法、建設業法、道路法、河川法、建築基準法、火薬類取締法、騒音規制法、振動規制法、港則法	11（No.32〜No.42）	6

　後半の必須問題（問題番号No.43〜61）は、19問すべてを解答します。

● **必須問題の内訳**

出題分野	出題分類	出題数（問題番号）	必要な解答数
工事共通	測量、契約、設計施工計画、建設機械、工程管理、安全管理、品質管理、環境保全対策、建設副産物・産業廃棄物	11（No.43～No.53）	11
施工管理法（基礎的な能力）		8（No.54～No.59）	8

　なお、出題分野や出題数及び問題番号は目安で、試検年度により変更されることがあります。

合格基準

　第一次検定、第二次検定いずれも得点の60％以上が合格基準です。ただし、試検の実施状況などを踏まえ、変更される可能性があります。

4. 本書の構成

　出題分野ごとに1章が割り当てられ、章ごとに「過去問チャレンジ（章末問題）」があります。

＊一部に改変問題またはオリジナル問題が含まれています。

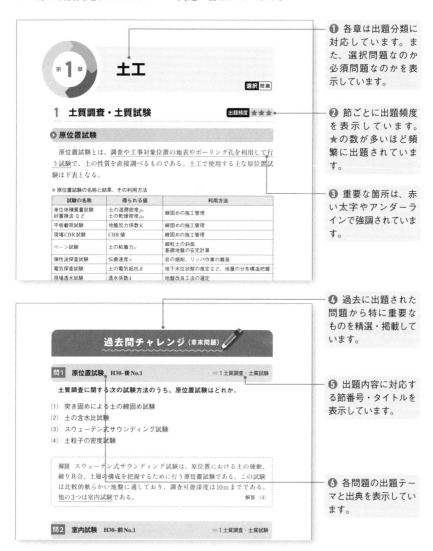

❶ 各章は出題分類に対応しています。また、選択問題なのか必須問題なのかを表示しています。

❷ 節ごとに出題頻度を表示しています。★の数が多いほど頻繁に出題されています。

❸ 重要な箇所は、赤い太字やアンダーラインで強調されています。

❹ 過去に出題された問題から特に重要なものを精選・掲載しています。

❺ 出題内容に対応する節番号・タイトルを表示しています。

❻ 各問題の出題テーマと出典を表示しています。

Ⅰ部

選択 問題

土木一般

第1章 土工

1 土質調査・土質試験

出題頻度 ★★★

原位置試験

　原位置試験とは、調査や工事対象位置の地表やボーリング孔を利用して行う試験で、土の性質を直接調べるものである。土工で使用する主な原位置試験は下表となる。

■ 原位置試験の名称と結果、その利用方法

試験の名称	得られる値	利用方法
単位体積質量試験 砂置換法 など	土の湿潤密度 ρ_t 土の乾燥密度 ρ_d	締固めの施工管理
平板載荷試験	地盤反力係数 K	締固めの施工管理
現場CBR試験	CBR値	締固めの施工管理
ベーン試験	土の粘着力 c	細粒土斜面の安定計算 基礎地盤の安定計算
弾性波探査試験	伝搬速度 v	岩の掘削、リッパ作業の難易
電気探査試験	土の電気抵抗 R	地下水位状態の推定など、地層の分布構造把握
現場透水試験	透水係数 k	地盤改良工法の選定

> 🔍 ここが出題される！
> 原位置試験としては出題されていないが、「土質試験の名称と効果、利用方法」として出題されることがあるので、試験の名称と内容をしっかり理解しておく。

室内試験

　室内試験は、原位置試験やサウンディングのみで土の性質を明らかにすることができないときに、採取した試料を持ち帰って試験室で試験するものをいう。

■ 室内試験の名称と結果、その利用方法

試験の名称	得られる値	利用方法
含水比試験	含水比 w	盛土の締固め管理
土粒子の密度試験	間隙比 e、飽和度 S_r	盛土の締固め管理
砂の相対密度試験	間隙比 e_{max}	砂の液状化判定
粒度試験	均等係数 U_c	土の分類
液性限界試験	液性限界 w_L	細粒土の安定
塑性限界試験	塑性限界 w_P	細粒土の安定
一軸圧縮試験	一軸圧縮強さ q_u	細粒土の支持力
三軸圧縮試験	粘着力 C	地盤の支持力
直接せん断試験	内部摩擦角 φ	斜面の安定
締固め試験	最適含水比 W_{opt} 最大乾燥密度 ρ_{dmax}	盛土締固め管理
圧密試験	圧密係数	沈下量、圧密時間
室内CBR試験	CBR値	舗装の構造設計
室内透水試験	透水係数 k	透水量の算定

point ワンポイントアドバイス

土の液性限界・塑性限界試験

土の液性限界・塑性限界は、土の状態が変化する境界の含水比を測定する。これらの値を確認することで、土の物理的性質を推定できる。

・液性限界：土が塑性状態から液状に移るときの含水比
・塑性限界：土が塑性状態から半固体状に移るときの含水比
・塑性指数：液性限界と塑性限界の差

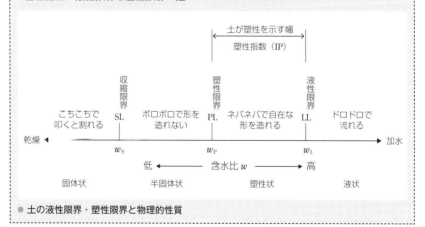

● 土の液性限界・塑性限界と物理的性質

▶ サウンディング試験

サウンディング試験は、パイプまたはロッドの先端に付けた抵抗体を地中に挿入し、貫入・回転・引抜きなどを加えた抵抗から土層の分布と強さの相対値を判断する手段である。

■ サウンディング試験の名称と結果、その利用方法

試験の名称	得られる値	利用方法
標準貫入試験	N値	土層の硬軟・締まり具合の判定
スウェーデン式サウンディング試験	半回転数 N_{sw}	土層の硬軟・締まり具合の判定
オランダ式二重管コーン貫入試験	コーン指数 qc	建設機械の走行性(トラフィカビリティー)の判定
ポータブルコーン貫入試験	コーン指数 qc	建設機械の走行性(トラフィカビリティー)の判定

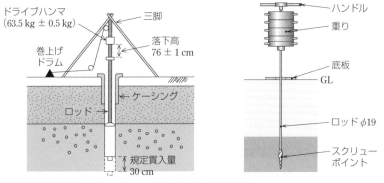

● 標準貫入試験(左)とスウェーデン式サウンディング試験(右)

2 土工量計算

出題頻度 ★☆☆

▶ 土量の変化率と変化量の計算

土を掘削・運搬により移動する場合に、上の状態により体積が変化する。

- 掘削土量:地山の土量(地山にある、そのままの状態)
- 運搬土量:ほぐした土量(掘削により、ほぐした状態)
- 盛土土量:締め固めた土量(盛土され、締め固められた状態)

土量の変化率(ほぐし率)Lは「土の運搬計画」を立てるときに必要になる。

土量の変化率(締固め率)Cは「土の配分計画」を立てるときに用いられる。

選択問題

$$\text{ほぐし率}\ L = \frac{\text{ほぐした土量}}{\text{地山の土量}} \qquad \text{締固め率}\ C = \frac{\text{締め固めた土量}}{\text{地山の土量}}$$

● 土工量の計算

> **point** ワンポイントアドバイス
>
> **土量換算係数**
> 常に地山を1とした場合の土量換算係数を理解しておくこと。
>
> ■ 土量換算係数表
>
> | | 土山の土量 | ほぐした土量 | 締め固めた土量 |
> |---|---|---|---|
> | 地山の土量 | 1 | L | C |
> | ほぐした土量 | $1/L$ | 1 | C/L |
> | 締め固めた土量 | $1/C$ | L/C | 1 |
>
> ※普通土の場合、一般的にL=1.10〜1.30程度、C=0.8〜0.9程度

▶ 土量変化率の利用と注意点

[**利用方法**]　土量の変化率Lは「**土の運搬計画**」を立てるときに必要であり、土量の変化率Cは「**土の配分計画**」を立てるときに用いられる。

[**利用時の注意点**]　土量の変化率には、掘削・運搬中の損失及び基礎地盤の沈下による盛土量の増加は原則として含まれていない。

[**岩石の場合**]　岩石の土量の変化率は、測定そのものが難しいので、施工実績を参考にして計画し、実状に応じて変化率を変更することが望ましい。

3 土工作業と建設機械　　出題頻度 ★★★

▶ 建設機械の選定

　建設機械は、現場条件に合わせて、施工方法に適した機種が選定され施工さ

れる。建設機械の適否は現場条件を十分に考慮して選定しなければならない。

［トラフィカビリティーによる選定］ 同一わだちで数回の走行が可能な場合のコーン指数を下表に示す。

■ 建設機械の走行に必要なコーン指数

建設機械の種類	コーン指数 qc 〔kN/m²〕	建設機械の接地圧 〔kN/m²〕
超湿地ブルドーザ	200以上	15～23
湿地ブルドーザ	300以上	12～43
普通ブルドーザ (15t級程度)	500以上	50～60
普通ブルドーザ (21t級程度)	700以上	60～100
スクレープドーザ	600以上	41～56
被けん引式スクレーパ (小型)	700以上	130～140
自走式スクレーパ (小型)	1,000以上	400～450
ダンプトラック	1,200以上	350～550

［運搬距離による選定］ 建設機械には、機種に適した運搬距離がある。

■ 建設機械に適応する運搬距離

建設機械の種類	適応する運搬距離〔m〕
ブルドーザ	60以下
スクレープドーザ	40～250
被けん式スクレーパ	60～400
自走式スクレーパ	200～1,200
ショベル系掘削機、ダンプトラック	100以下

［勾配による選定］ 坂路が一定の勾配を超えると作業が危険になるので、一般に適応できる勾配の限界値が設定されている。

■ 建設機械に適応する運搬路の勾配

建設機械の種類	運搬路の勾配〔%〕
被けん式スクレーパ、スクレープドーザ	15～25
タンデムエンジン自走式スクレーパ	10～15
シングルエンジン自走式スクレーパ	5～8
自走式スクレーパ、ダンプトラック	10以下

---

point 🔖 **ワンポイントアドバイス**

建設機械が選定される理由
建設機械が選定される理由については「作業・現場条件・運搬距離・運搬路の勾配」などからの出題が多い。各建設機械の特徴と作業をチェックしておく。

選択問題

▶ 用語のチェック

［トラフィカビリティー］ 建設機械の<u>土の上での走行性</u>を表すもので、締め固めた土を、コーンペネトロメータにより測定したコーン指数qcで示される。
［コーン指数］ コーンペネトロメータによる貫入抵抗力度で、<u>地盤の強さ</u>を表す。

4 盛土の施工

出題頻度 ★★★

▶ 基礎地盤の処理

　盛土の施工に先立って行われる、**基礎地盤の処理**の主な目的は下記である。
- 盛土と基礎地盤の<u>なじみをよく</u>する。
- 初期の<u>盛土作業を円滑</u>にする。
- 地盤の安定を図り<u>支持力を増加</u>させる。
- 草木などの有機物の腐食による<u>沈下を防ぐ</u>。

［段差がある場合］ 基礎地盤に極端な凹凸や段差があり盛土高さの低い場合は、<u>均一な盛土</u>になるように段差の処理を施す。
［基礎地盤の準備排水］ 基礎地盤の**準備排水**は、原地盤を<u>自然排水可能な勾配</u>に整形し、<u>素掘りの溝</u>や暗渠などにより工事区域外に排水する。
［表層に軟弱層が存在している場合］ 盛土基礎地盤に溝を掘って盛土の外への排水を行うことにより、盛土敷の乾燥を図り**トラフィカビリティー**が得られるようにする。

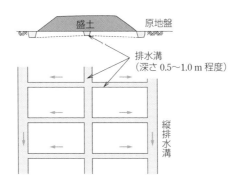

構造物周辺の埋戻し

　構造物周辺の埋戻しを行う場合の<u>注意事項</u>と<u>使用する材料、その理由</u>を理解しておく。

［構造物の裏込め部や埋戻し部］　供用開始後に構造物との段差が生じないよう、**圧縮性の小さい材料**を用いる。また、雨水などの浸透による土圧増加を防ぐために**透水性のよい材料**を用いることが重要である。

［排水対策］　裏込め部は、雨水の流入や湛水が生じやすいので、工事中は雨水の流入を極力防止し、浸透水に対しては、**地下排水溝**を設けて処理することが望ましい。埋戻し部などの地下排水が不可能な箇所は、埋戻し施工時にポンプなどで完全に排水しなければならない。

［狭小な部分や構造物周辺］　タンパを使用する場合は、裏込めや埋戻しの敷均しは**仕上り厚20cm以下**とし、締固めは路床と同程度に行う。

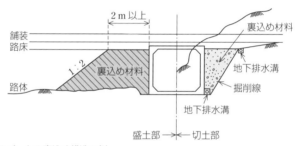

● ボックスカルバートの裏込め構造の例

施工時の排水処理

　盛土施工時の排水処理は、下記を目的に行われる。

- 施工面から雨水浸入による<u>盛土体の弱体化防止</u>。
- 法面を流下する表面水による<u>浸食、洗掘防止</u>。
- 間隙水圧の増大による<u>崩壊防止</u>。
- 濁水、<u>土砂流出防止</u>。
- 施工の<u>円滑化</u>。

選択問題

▶ 盛土材料の条件

　盛土材料は、施工が容易で、盛土の安定を保ち、かつ有害な変形が生じないような材料を用いることが原則である。盛土材料に求められる条件は以下である。

- 敷均し、締固めが容易で締固め後のせん断強度が高い。
- 圧縮性が小さい。
- 雨水などの浸食に強い。
- 吸水による膨張性が低い。

　これらを満足する材料は「粒度配合のよい礫質土や砂質土」となる。

5 軟弱地盤対策工法

出題頻度 ★★★

▶ 軟弱地盤対策工法と効果

　軟弱地盤対策工法は、効果によって次表のように分類することができる。

■ 軟弱地盤対策工法の種類と対策・効果

分類	工法	対策・効果
表層処理工法	表層混合処理工法、表層排水工法、サンドマット工法	強度低下抑制、すべり抵抗
押え盛土工法	押え盛土工法、緩斜面工法	すべり抵抗
置換工法	掘削置換工法、強制置換工法	すべり抵抗、せん断変形抑制
載荷重工法	盛土載荷重工法、大気圧荷重工法、地下水低下工法	圧密沈下促進
バーチカルドレーン工法	サンドドレーン工法、ペーパードレーン工法（カードボードドレーン工法）	圧密沈下促進
サンドコンパクション工法	サンドコンパクションパイル工法	沈下量減少、液状化防止
固結工法	石灰パイル工法、深層混合処理工法、薬液注入工法	沈下量減少、すべり抵抗
振動締め工法	バイブロフローテーション工法、ロッドコンパクション工法	液状化防止、沈下量減少
地下水低下工法	ウェルポイント工法	地下水低下、圧密促進

▶ 代表的な対策工法の留意点

　［表層混合処理工法］　固化材を粉体で地表面に散布する場合は、周辺環境

に対する**防塵対策**を実施するとともに、生石灰では発熱を伴うため作業員の安全対策に留意する。また、セメントやセメント系固化材を用いる場合、**六価クロムの溶出**に留意する必要がある。

[深層混合改良工法] 深層混合処理工法は、主としてセメント系の固化材と原位置の軟弱土を撹拌混合することにより、原位置で深層まで強固な**柱体状、ブロック状、壁状**の安定処理土を形成し、すべり抵抗の増加、変形の抑止、沈下の低減、液状化防止などを図る工法である。他にセメント系添加材を高圧で噴射して改良体を造成する高圧噴射撹拌工法がある。

[置換工法] 軟弱土と良質土を入れ換える工法で、盛土の安定確保と沈下量の減少を目的としている。施工方法により、軟弱土を掘削してから良質土を埋め戻す**掘削置換工法**と、盛土自重により軟弱土を押し出す**強制置換工法**に分類される。

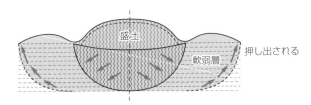

● 強制置換工法の例

[サンドマット工法] 軟弱地盤上に厚さ0.5〜1.2m程度のサンドマット（敷砂）を施工する工法である。軟弱層の圧密のための上部排水層の役割を果たし、排水層となって盛土内の水位を低下させる。施工に必要なトラフィカビリティーを良好にする。

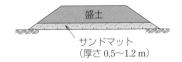

● サンドマット工法による地盤処理

[サンドコンパクションパイル工法] 衝撃荷重あるいは振動荷重によって砂を地盤中に圧入し、砂杭を造成する工法である。砂質地盤では締固め効果で液状化の防止を図り、粘性土地盤では地盤の強度増加を図る。

[サンドドレーン工法] 地盤中に透水性の高い砂柱（サンドドレーン）を鉛

選択問題

直に造成することにより、水平方向の排水距離を短くして粘性土地盤の圧密を促進し、地盤の強度増加を図る工法。バーチカルドレーン工法の1つである。

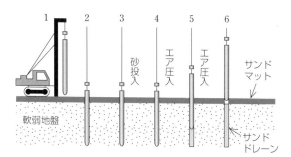

● サンドドレーン工法

問1 原位置試験 H30-後 No.1 ➡ 1 土質調査・土質試験

土質調査に関する次の試験方法のうち、原位置試験はどれか。

(1) 突き固めによる土の締固め試験
(2) 土の含水比試験
(3) スウェーデン式サウンディング試験
(4) 土粒子の密度試験

> **解説** スウェーデン式サウンディング試験は、原位置における土の硬軟、締り具合、土層の構成を把握するために行う**原位置試験**である。この試験は比較的軟らかい地盤に適しており、調査可能深度は10mまでである。他の3つは室内試験である。　　　　　　　　　　　　　　　　　　　解答 (3)

問2 室内試験 H30-前 No.1 ➡ 1 土質調査・土質試験

土質調査に関する次の試験方法のうち、室内試験はどれか。

(1) 土の液性限界・塑性限界試験
(2) ポータブルコーン貫入試験
(3) 平板載荷試験
(4) 標準貫入試験

> **解説** 土の液性限界・塑性限界試験は、土の状態が変化する境界の含水比を測定する**室内試験**である。液性限界は、塑性限界及び塑性指数などと合わせて、土の物理的性質を推定することや、塑性図を用いた土の分類などに利用される。他の「ポータブルコーン貫入試験」「平板載荷試験」「標準貫入試験」は原位置試験である。　　　　　　　　　　　　　　　　　解答 (1)

問3 サウンディング試験　**H16-No.1**　　➡1 土質調査・土質試験

　サウンディングによる土質調査試験のうち、土層の試料を採取し土質試験を行うことができるものは次のうちどれか。

(1)　スウェーデン式サウンディング試験
(2)　土研式円すい貫入試験
(3)　標準貫入試験
(4)　オランダ式二重管コーン貫入試験

> **解説** 標準貫入試験は、原位置における土の硬軟、締り具合、土層の構成を把握するために試料の採取を行う原位置試験である。　　解答　(3)

問4 土質試験と結果の利用方法　**R2-後 No.2**　　➡1 土質調査・土質試験

　土質試験における「試験名」とその「試験結果の利用」に関する次の組合せのうち、適当でないものはどれか。

　　　[試験名]　　　　　　　　　　　　　　　[試験結果の利用]
(1)　土の一軸圧縮試験‥‥‥‥‥‥‥‥‥‥支持力の推定
(2)　土の液性塑性限界・塑性限界試験‥‥‥‥盛土材料の適否の判定
(3)　土の圧密試験‥‥‥‥‥‥‥‥‥‥‥‥粘性土地盤の沈下量の推定
(4)　CBR試験‥‥‥‥‥‥‥‥‥‥‥‥ 岩の分類の判定

> **解説** CBR試験は、所定の貫入量における荷重の強さを調べる試験で、舗装厚の設計、舗装材料の品質管理などに用いられる。　　解答　(4)

土量の変化率に関する次の記述のうち、**誤っているもの**はどれか。

ただし、$L = 1.20$（L = ほぐした土量/地山土量）、$C = 0.90$（C = 締め固めた土量/地山土量）とする。

(1)　締め固めた土量 $100\,m^3$ に必要な地山土量は $111\,m^3$ である。

(2)　$100\,m^3$ の地山土量の運搬土量は $120\,m^3$ である。

(3)　ほぐされた土量 $100\,m^3$ を盛土して締め固めた土量は $75\,m^3$ である。

(4)　$100\,m^3$ の地山土量を運搬し盛土後の締め固めた土量は $83\,m^3$ である。

> **解説**　$100\,m^3$ の地山土量を運搬し盛土後の締め固めた土量は、$100 \times C$ $(0.90) = 90\,m^3$ である。　　　　　解答　(4)

「土工作業の種類」と「使用機械」に関する次の組合せのうち、**適当でないもの**はどれか。

　　　　［土工作業の種類］　　　　　　　　　　　［使用機械］

(1)　溝掘り ……………………………………… タンパ

(2)　伐開除根 …………………………………… ブルドーザ

(3)　掘削 ………………………………………… バックホウ

(4)　締固め ……………………………………… ロードローラ

> **解説**　溝掘り作業に使用される建設機械は、バックホウやトレンチャが使用される。タンパは締固め作業に使用される。　　　　解答　(1)

問7　建設機械の選定　H30-後 No.3　　　➡ 3 土工作業と建設機械

　一般にトラフィカビリティーはコーン指数 qc〔kN/m²〕で示されるが、普通ブルドーザ（15 t 級程度）が走行するのに必要なコーン指数は、次のうちどれか。

(1)　50〔kN/m²〕以上
(2)　100〔kN/m²〕以上
(3)　300〔kN/m²〕以上
(4)　500〔kN/m²〕以上

解説　普通ブルドーザ（15 t 級程度）が走行するのに必要なコーン指数は、500 kN/m² 以上である。　　　　　　　　　　　　　　　　　解答　(4)

point　ワンポイントアドバイス

湿地ブルドーザ
この他によく出題される機械としては「湿地ブルドーザに必要なコーン指数」があり、答えは 300 kN/m² 以上。

問8　盛土の施工　H29-前 No.3　　　➡ 4 盛土の施工

　盛土工に関する次の記述のうち、適当でないものはどれか。

(1)　盛土を施工する場合は、その基礎地盤が盛土の完成後に不同沈下や破壊を生ずるおそれがないか検討する。
(2)　盛土工における構造物縁部の締固めは、大型の締固め機械により入念に締め固める。
(3)　盛土の敷均し厚さは、盛土の目的、締固め機械と施工法及び要求される締固め度などの条件によって左右される。
(4)　軟弱地盤における盛土工で建設機械のトラフィカビリティーが得られない場合は、あらかじめ適切な対策を講じてから行う。

解説 盛土工における構造物縁部の締固めは、良質な材料を用い、不同沈下や段差が生じないよう小型の締固め機械により入念に締め固める。　解答　(2)

問9　盛土材料　H30-前 No.3　　　➡ 4 盛土の施工

道路土工の盛土材料として望ましい条件に関する次の記述のうち、<u>適当でないもの</u>はどれか。

(1)　盛土完成後のせん断強さが大きいこと。
(2)　盛土完成後の圧縮性が大きいこと。
(3)　敷均しや締固めがしやすいこと。
(4)　トラフィカビリティーが確保しやすいこと。

解説 盛土材料は盛土完成後の圧縮性が小さいことが望ましい。　解答　(2)

問10　軟弱地盤対策工法と効果　H30-前 No.4　　　➡ 5 軟弱地盤対策工法

基礎地盤の改良工法に関する次の記述のうち、<u>適当でないもの</u>はどれか。

(1)　深層混合処理工法は、固化材と軟弱土とを地中で混合させて安定処理土を形成する。
(2)　ウェルポイント工法は、地盤中の地下水位を低下させることにより、地盤の強度増加を図る。
(3)　押え盛土工法は、軟弱地盤上の盛土の計画高に余盛りし沈下を促進させ早期安定性を図る。
(4)　薬液注入工法は、土の間隙に薬液が浸透し、土粒子の結合で透水性の減少と強度が増加する。

解説 押え盛土工法は、盛土側方への押え盛土や法面勾配を緩くすることにより、すべり抵抗力を増大させ、盛土のすべり破壊を防ぐものである。類似工法に、プレローディング工法、載荷重工法もある。　解答　(3)

第2章 コンクリート

選択問題

1 コンクリートの品質

出題頻度 ★☆☆

▶ 配合

　コンクリートの配合では、スランプ、水セメント比、単位水量、単位セメント量、空気量、細骨材率、粗骨材の最大寸法などの品質が規定されている。

［スランプ］ スランプの設定は、**構造条件**（部材の種類や寸法、補強材の配置）と**施工条件**（場内運搬方法、打込み方法、締固め方法）を考慮して設定する。ただし、ワーカビリティーが満足される範囲内でできるだけ打込みのスランプを小さくすることが基本である。

　なお、土木学会発行の『コンクリート標準示方書［施工編］』には、各条件での「最小スランプの目安〔cm〕」が記載されているので確認しておくとよい。

■ スラブ部材における打込みの最小スランプの目安例

施工条件		打込みの最小スランプ〔cm〕
締固め作業高さ〔m〕	コンクリートの打込み箇所間隔〔m〕	
0.5未満	任意の箇所から打込み可能	5
0.5以上1.5以下	任意の箇所から打込み可能	7
3以下	2〜3	10
	3〜4	12

［水セメント比］ 水セメント比とは、水とセメントとの割合で、水量を w、セメント量を c として「w/c」の百分率で示される。

　水セメント比は、**65％以下**で、かつ設計図書に記載された参考値に基づきコンクリートの所要の強度、耐久性及び水密性から必要となる各々の水セメント比の値のうち最も小さい値とする。

［単位水量］ 単位水量は、作業ができる範囲内でできるだけ小さくなるように、試験によって定める。コンクリートの単位水量の上限は、175kg/m^3

である。

単位水量や単位セメント量を小さくして経済的なコンクリートにするには、一般に粗骨材の最大寸法を大きくする方が有利である。

［単位セメント量］ 単位セメント量が<u>少な過ぎるとワーカビリティーが低下する</u>ため、粗骨材の最大寸法が20〜25mmの場合は、単位セメント量を270kg/m³以上確保する。

［空気量］ コンクリートの空気量は、粗骨材の最大寸法、その他の条件に応じて<u>コンクリート容積の4〜7％</u>を標準とする。寒冷地などで長期的に凍結融解作用を受けるような場合は、<u>所要の強度を得られることを確認したうえで6％</u>とするのがよい。

空気量は各種条件によって相当変わるため、コンクリートの施工においては<u>必ず空気量試験を行う</u>。

［細骨材率］ 細骨材率は、所要のワーカビリティーが得られる範囲内で、<u>単位水量ができるだけ小さくなるように</u>、試験によって定める。この理由は、一般に細骨材率が小さいほど単位水量は減少する傾向にあり、それに伴い単位セメント量の低減も図れて経済的なコンクリートとなるためである。

［粗骨材の最大寸法］ 粗骨材の最大寸法は、部材寸法、鉄筋のあき、鉄筋のかぶりを考慮して決定する。標準値は下表である。

■ 粗骨材最大寸法の標準値

鉄筋コンクリートの場合	部材最小寸法の1/5を超えない値
無筋コンクリートの場合	部材最小寸法の1/4を超えない値
はり、スラブの場合	鉄筋最小水平あきの3/4を超えない値
柱、壁の場合	軸方向鉄筋の最小あきの3/4を超えない値
粗骨材の最大寸法	かぶりの3/4を超えない値 最小断面が500mm程度の場合は40mm 〃　　それ以外の場合は20mmか25mm

▶ スランプ試験

スランプの試験方法は、配合や品質規定とは別に「試験方法」がよく出題されるので、しっかり覚えておく。コンクリートのスランプとは、<u>まだ固まらないコンクリートの軟らかさの程度</u>（これをコンシステンシーという）を表す値で、図のようにスランプ試験を行って定める。

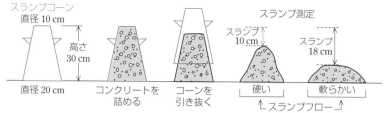

● スランプ試験

　スランプ及びスランプフロー（スランプコーンを引き上げた後の水平の広がりのこと）は、購入者が指定した値に対して、下表の範囲内でなければならない。

■ スランプの値〔cm〕

スランプ	2.5	5及び6.5	8〜18	21
誤差	±1	±1.5	±2.5	±1.5

■ スランプフローの値〔cm〕

スランプフロー	50	60
誤差	±7.5	±10

▶ 品質を確保するための対応

　出題頻度は低いが、コンクリートの品質を確保するための対応について重要な事項は下記である。
- 塩化物イオンの総量は、原則として$0.30 \ \mathrm{kg/m^3}$以下とする。
- 高炉セメントB種は、打込み初期に湿潤養生を行う必要がある。
- 寒中コンクリートはAEコンクリートとすることを原則とする。
- 水密性を確保する場合、水セメント比を55%以下とする。
- 圧縮強度の1回の試験結果は、呼び強度の強度値の85%以上とする。

2　コンクリートの材料　

▶ セメント

　セメントには多くの種類があり、JISに規定されているポルトランドセメ

ント、混合セメント、それ以外のセメントや、ポルトランドセメントをベースとした特殊なセメントがある。

［ポルトランドセメント］ モルタルやコンクリートの材料として用いる、最も一般的なセメント。

■ ポルトランドセメントの種類と特徴

種類	特徴
普通ポルトランドセメント	最も汎用性の高いセメント
早強ポルトランドセメント	型枠の脱型を早めるため、早く強度が欲しいときに使用
超早強ポルトランドセメント	早強よりさらに短期間で強度を発揮する
中庸熱ポルトランドセメント	普通ポルトランドセメントに比べ、水和熱が低い
低熱ポルトランドセメント	中庸熱ポルトランドセメントより水和熱が低い
耐硫塩酸ポルトランドセメント	硫酸塩に対する抵抗性を高めたセメント

［混合セメント］ 混合セメントには、JISで高炉セメント、フライアッシュセメント、シリカセメントの3種類が規定されている。それぞれ混合比率の違いによってA種、B種、C種の3種類がある。

■ 混合セメントの種類と特徴

種類	特徴
高炉セメント A種、B種、C種	高炉スラグの微粉末を混合したセメントで長期強度の増進が大きい
フライアッシュセメント A種、B種、C種	フライアッシュ（微粉状の石炭灰）を混合したセメントでワーカビリティーが向上
シリカセメント A種、B種、C種	シリカ質混合材を混合したセメントで耐薬品性に優れている

［それ以外のセメント］

■ それ以外のセメントの種類と特徴

種類	特徴
エコセメント	ごみ焼却灰や下水汚泥を主原料としたセメント

［練混ぜ水］ 練混ぜ水で覚えておくべき事項は下記の3つである。いずれも、コンクリートの品質の確保が難しいことから定められている。

• 上水道はJISに適合したものを標準とする。
• 回収水はJISに適合したものでなければならない。
• 海水は一般に使用してはならない。

▶ 骨材

◻ 骨材の分類

コンクリート用骨材は、粒の大きさによって**粗骨材**と**細骨材**に分類される。一般にコンクリートの**ワーカビリティー**に及ぼす影響は細骨材が大きく、粗骨材は小さい。

[**粗骨材**] 5mm網ふるいに質量で85％以上残る骨材（粒径5mm以上の骨材）のこと。

[**細骨材**] 10mm網ふるいを全部通り、5mm網ふるいに質量で85％以上通る骨材（粒径5mm未満の骨材）のこと。

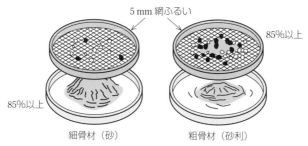

● 細骨材と粗骨材

■ 標準的な骨材の品質

種類	乾燥密度〔g/cm³〕	吸収率〔％〕	粘土塊量〔％〕	微粉分量〔％〕	塩化物〔％〕	安定性〔％〕
粗骨材砂利	2.5以上	3.0以下	0.25以下	1.0以下	－	12以下
細骨材砂	2.5以上	3.5以下	1.0以下	3.0以下	0.04以下	10以上

◻ 細骨材の留意事項

[**砕砂**] 砕砂の粒形は一般的に角ばっており、石粉を相当に含有している場合が多い。砕砂の粒形の良否は、コンクリートの**単位水量**や**ワーカビリティー**に及ぼす影響が極めて大きいため、できるだけ角ばりの程度が小さく、細長い粒や偏平な粒の少ないものを選定する。

[**高炉スラグ細骨材**] 実績として、粒度調整や塩化物含有量の低減を目的に、山砂などの細骨材の20～60％を高炉スラグ細骨材で置き換える場合が

多い。

　フェロニッケルスラグ細骨材、銅スラグ細骨材、電気炉酸化スラグ細骨材についても同様の使用方法が多い。なお、コンクリート表面がすりへり作用を受ける場合、各種スラグ細骨材の微粉分量は5.0%以下とする。

[再生骨材] コンクリート用（細骨材）の再生骨材は、処理方法や品質により下表のように分類されている。

■ コンクリート用の再生材料の種類

種類	使用する場合の特徴
再生骨材H	コンクリート塊に破砕、磨砕、分級などの高度な処理を行うことで、通常の骨材とほぼ同等の品質となる
再生骨材M	乾燥収縮作用や凍結融解作用の受けにくい地下構造物などへの適用に限定される
再生骨材L	耐凍結融解性の高い耐久性を必要としない無筋コンクリート、容易に交換ができる部材、小規模な鉄筋コンクリート、コンクリートブロックなどに使用される

◘ 粗骨材の留意事項

[砕石] 砕石は、角ばりや表面の粗さの程度が大きいので、砂利を用いる場合に比べて単位水量を増加させる必要がある。また、特に偏平なものや細長い形状のものは粒子形状の良否を検討する必要がある。

[高炉スラグ粗骨材] 高温の溶融高炉スラグを徐冷、凝固させ砕いて製造する。製造上、品質のばらつきが大きいので品質を確認して使用する必要がある。高炉スラグ粗骨材は乾燥密度、吸水率、単位容積質量に応じて**L**、**N**に区分される。

■ 高炉スラグ粗骨材の区分

種類	特徴
区分L	乾燥密度が大きい。通常は区分Lを使用
区分N	設計基準強度が21N/mm^{2}未満などのもの

[再生骨材] 粗骨材に用いる再生骨材は、JIS A 5021「コンクリート用再生骨材H」に適合した**再生粗骨材H**を使用する。

▶ 混和材料

　混和材料は、コンクリートの品質を改善するものである。使用量の多少に応じて混和材と混和剤に分類される。

◘ 混和材の主な効果と種類

■ 混和材の主な効果と種類

主な効果	混和材
ポゾラン活性が利用できる	フライアッシュ、シリカフューム、火山灰、けい酸白土、けい藻土
潜在水硬性が利用できる	高炉スラグ微粉末
硬化過程で膨張を起こさせる	膨張材
オートクレーブ養生で高強度を生じる	けい酸質微粉末
着色させる	着色材
流動性を高めて材料分離やブリーディングを減少させる	石灰石微粉末
その他	高強度用混和材、間隙充填モルタル用混和材、ポリマー、増量剤など

[フライアッシュ] フライアッシュを適切に用いると、下記のような効果が得られる。

- コンクリートのワーカビリティーの改善と単位水量の低減。
- 水和熱による温度上昇の低減。
- 長期材齢における強度増進。
- 乾燥収縮の減少。
- 水密性や化学的浸食に対する耐久性の改善。
- アルカリシリカ反応の抑制。

[膨張材] 膨張材を適切に用いた膨張コンクリートは、下記のような効果が得られる。

- 乾燥収縮や硬化収縮などに起因するひび割れの発生を低減。
- ケミカルプレストレスを導入してひび割れ耐力を向上。

[高炉スラグ微粉末] 高炉スラグ微粉末を適切に用いると、下記のような効果が得られる。

- 水和熱の発生速度の抑制。
- 長期強度の増進。
- 水密性を高め、塩化物イオンなどの浸透の抑制。
- 硫酸塩や海水に対する化学抵抗性の改善。
- アルカリシリカ反応の抑制。

[シリカフューム] シリカフュームでセメントの一部を置換した場合、下記のような利点がある。

- 材料分離が生じにくい。

- ブリーディングが小さい。
- 強度増加が著しい。
- 水密性や化学抵抗性が向上する。

◘ 混和剤の主な効果と種類

■ 混和剤の主な効果と種類

主な効果	混和剤
ワーカビリティー、耐凍害性などを改善させる	AE剤、AE減水剤
ワーカビリティーを向上させ、単位水量及び単位セメント量を減少させる	減水剤、AE減水剤
大きな減水効果が得られ強度を著しく高める	高性能減水剤、高性能AE減水剤
単位水量を著しく減少させ、良好なスランプ保持性を有し、耐凍害性も改善させる	高性能AE減水剤
流動性を大幅に改善させる	流動化剤
粘性を増大させ、水中でも材料分離を生じにくくさせる	水中分離性混和剤
凝結、硬化時間を調整する	硬化促進剤、急結剤、遅延剤
気泡の作用で充填性の改善や質量を調節する	気泡剤、発砲剤
増粘、凝集作用で材料分離抵抗性を向上させる	ポンプ圧送助剤、分離低減剤、増粘剤
流動性を改善させ、適当な膨張性を与えて充填性と強度を改善させる	プレパックドコンクリート用、間隙充填モルタル用の混和剤
塩化物イオンによる鉄筋の腐食を抑制する	鉄筋コンクリート用防錆剤
乾燥収縮ひずみを低減させる	収縮低減剤など
その他	防水剤、防凍・耐寒剤、水和熱抑制剤、防塵低減剤など

[AE剤、減水剤]　減水剤、AE減水剤、高性能AE減水剤は**標準形**、**遅延形**、**促進形**に区分され、流動化剤は**標準形**、**遅延形**に区分される。

　混和剤を適切に用いると、コンクリートのワーカビリティーや圧送性の改善、単位水量の低減、耐凍害性の向上、水密性の改善などの効果が期待できる。ただし、セメント、骨材の品質や配合、施工方法によって効果の発現が異なるので注意が必要である。

[防錆剤]　鉄筋コンクリート用防錆剤は、海砂中の塩分に起因する鉄筋の腐食を抑制するもので、下記のように分類される。

- 不動態被膜形成形防錆剤
- 沈殿被膜形防錆剤
- 吸着被膜形防錆剤

3 コンクリートの施工

出題頻度 ★★★

▶ 運搬

　フレッシュコンクリートの品質は、時間の経過、温度、運搬方法の影響を受けやすい。そのため、<u>現場までの運搬、現場内での運搬、バケットやシュートなどを使用する運搬方法</u>と、その品質の確保は重要で出題頻度も高い。

◻ 練り混ぜてから打ち終わりまでの時間

　練り混ぜてから打ち終わりまでの時間は、下記を標準とする。

- 外気温が<u>25℃以下</u>のときで<u>2時間以内</u>。
- 外気温が<u>25℃を超える</u>ときで<u>1.5時間以内</u>。

◻ 現場までの運搬

　運搬距離が長い場合やスランプが大きなコンクリートの場合、アジテータなどの撹拌機能がある**トラックミキサ**や**トラックアジテータ**を用いて運搬する。なお、スランプが5cmの硬練りが10km以下で1時間以内に運搬可能な場合は、材料分離などが生じないことを確認のうえで、ダンプトラックなどで運搬が可能となる。

● トラックアジテータ

◻ 現場内での運搬

[コンクリートポンプ車と輸送管]　輸送管の径は、圧送性に余裕のあるものを選定する。管径が大きいほど圧送負荷は小さくなるので<u>管径の大きな輸送管の使用が望ましい</u>が、<u>作業性が低下する</u>ので注意が必要である。コンクリートポンプ車の輸送管の径は、100Aや125Aを使用することが多く、大規模な現場では150Aも使用する。

● コンクリートポンプ車

［コンクリートポンプ車の圧送の準備］　圧送開始に先立ち、コンクリートポンプや輸送管内面の潤滑性を確保するために先送りモルタルを圧送して閉塞を防止する。先送りモルタルは、コンクリートの水セメント比以下とし、型枠に打ち込まないよう注意する。

［コンクリートポンプ車の圧送の中断］　コンクリートは連続して圧送し、迅速に打ち込み、締固めを行うのが望ましい。長時間の中断が予想される場合は、閉塞を防止するために**インターバル**運転を実施し、配管内のコンクリートを排出しておく。

［バケット］　バケットによる運搬は材料分離を少なくできるが、ポンプ車に比べ時間を要することが多く、撹拌機能がないことから、打込み速度、品質変化などを考慮した計画が必要となる。

［シュート］　シュートを用いる場合の留意点は下記である。

• シュートは**縦シュート**の使用を標準とする。

• **斜めシュート**を用いる場合、シュートの傾きは水平2に対して鉛直1とする。

• シュートの構造、使用方法は**材料分離**が起りにくいものとする。

　次図のように、シュートを用いて流した力でモルタルがシュート下に集まり、粗骨材が先に集まって材料分離が生じる。

粗骨材

斜めシュート

モルタル

● シュートを用いた場合の材料分離

▶ 打込み・締固め

[打込みの準備] コンクリートを打ち込む前に下記の準備を行い、品質を確保する必要がある。

- 鉄筋、型枠などの配置が正確で、堅固に固定されているかを確認する。
- 打込みは雨天や強風時を避け、それらの不測の事態を考慮する。
- 運搬装置、打込み設備、型枠内を清掃する。
- コンクリートと接して吸水のおそれがあるところは、あらかじめ湿らせておく。
- 型枠内にたまった水は打込み前に除いておく。

[打込み] コンクリートの打込みは、鉄筋や型枠が所定の位置から動かないよう注意し、計画した打継目を守って連続的に打ち込まなければならない。

打込み時に材料分離を抑制するには、目的の位置にコンクリートを下ろして打ち込むことが大切で、型枠内で横移動させると材料分離を生じる可能性が高くなるので横移動させない。

また、現場で材料分離が生じた場合は、打込みを中断し原因を調べて対策を講じる。練り直して均等質なコンクリートとすることは難しいが、粗骨材はすくい上げてモルタルの中へ埋め込み、締め固める方法もある。

[打込み作業の留意事項]

- コンクリート打込みの1層の高さは40〜50cmとする。
- 2層以上に分けて打ち込む場合、許容打重ね時間間隔は下記とする。

■ 許容打重ね時間の間隔

外気温	許容打重ね時間の間隔
25℃以下	2.5時間
25℃を超える	2.0時間

- 型枠が高い場合、シュート、輸送管、バケット、ホッパの高さは打込み面まで1.5m以下を標準とする。
- 打上がり面にたまった水は、スポンジやひしゃく、小型水中ポンプで取り除く。
- 打上がり速度は30分当たり1.0〜1.5mを標準とする。

◘ 締固め

コンクリートの締固めには、**棒状バイブレータ**を用いることが原則とされ

ており、使用時の留意事項について出題される。棒状バイブレータが使用困難な場合で型枠に近い場所には、型枠バイブレータが使用される。いずれも確実に締固めを行い、充填性を高める必要がある。

[**棒状バイブレータの使用**] 棒状バイブレータを使用する場合の注意点は下記である。これらはよく出題されるため、よく理解しておく必要がある。

- コンクリートを打重ねる場合、下層のコンクリートへ10cm程度挿入しなければならない。
- 鉛直で一様な50cm以下の間隔で差し込む。

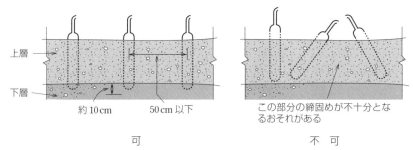

| 上層 |
| 下層 |

約10cm 50cm以下

この部分の締固めが不十分となるおそれがある

可 不 可

● 棒状バイブレータを使用する場合の注意点

- 締固め時間の目安は5〜15秒とする。
- 引き抜くときはゆっくりと行い、引抜き後に穴を残さない。
- 横移動を目的として使用すると、下図のように材料分離の原因になるので注意する。

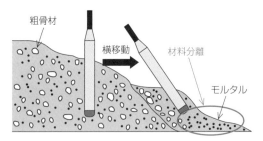

粗骨材 横移動 材料分離 モルタル

● 横移動による材料分離

[**再振動時の留意事項**] 再振動を行う場合、締固めは可能な範囲でできるだけ遅い時期がよい。これを適切な時期に行うと、次のような効果が得られる。

- コンクリート中にできた空隙や余剰水が少なくなる。
- コンクリートと鉄筋との付着強度が増加する。
- 沈みひび割れの防止になる。

● レディーミクストコンクリート

［種類］ レディーミクストコンクリートは、コンクリートの種類、粗骨材の最大寸法、荷卸しの目標スランプまたは目標スランプフロー、呼び強度の組合せで定められている。

［生産者との協議事項］ レディーミクストコンクリートの購入にあたっては、所要の品質のコンクリートが得られるように、以下の指定事項について生産者と協議を行う。

■ 生産者と協議する事項：a～d

　a. **セメントの種類**

　b. **骨材の種類**

　c. **粗骨材の最大寸法**

　d. **アルカリシリカ反応抑制対策の方法**

■ 必要に応じて生産者と協議する事項：e～q

　e. 骨材のアルカリシリカ反応による区分

　f. 呼び強度が36を超える場合の水の区分

　g. 混和材料の種類及び使用量

　h. 標準とする塩化物含有量の上限値と異なる場合は、その上限値

　i. 呼び強度を保証する材齢

　j. 標準とする空気量と異なる場合は、その値

　k. 軽量コンクリートの場合は、コンクリートの単位容積質量

　l. コンクリートの最高または最低の温度

　m. 水セメント比の目標値の上限値

　n. 単位水量の目標値の上限値

　o. 単位セメント量の目標値の下限値または上限値

　p. 流動化コンクリートの場合は、流動化する前のレディーミクストコンクリートからのスランプの増大値

q. その他必要な事項

[**その他の品質に関する事項**]　圧縮強度は<u>材齢28日</u>における標準養生供試体<ruby>標準養生供試体<rt>ひょうじゅんようじょうきょうしたい</rt></ruby>
の試験値で表し、1回の試験結果は呼び強度の強度値の<u>85％以上</u>とする。また、
3回の試験結果の平均値は呼び強度の強度値以上とする。

　練混ぜ時にコンクリート中に含まれる**塩化物イオンの総量**は、<u>原則として</u>
<u>0.30 kg/m³以下</u>とする。ただし、塩化物イオン量は承認を受けた場合に限り
<u>0.60 kg/m³以下</u>とすることも認められている。

● 養生

[**養生の基本的事項**]　コンクリートが所要の強度、耐久性、ひび割れ抵抗
性、水密性、鋼材を保護する性能、美観などを確保するために、セメントの
<u>水和反応を十分進行させる</u>必要がある。そのため、打込み終了後、適当な温
度のもとで、十分な湿潤状態を保ち、有害な作用を受けないようにすること
が必要で、その作業を**養生**という。

■ 養生の目的と対象・対策

目的	対象	対策	具体的な手段
湿潤状態に保つ	コンクリート全般	給水	湛水、散水、湿布、養生マットなど
		水分逸散抑制	せき板存置、シート・フィルム被覆、膜養生剤など
湿度を抑制する	暑中コンクリート	昇温抑制	散水、日覆いなど
	寒中コンクリート	給熱	保温マット、ジェットヒータなど
		保温	断熱性の高いせき板、断熱材など
	マスコンクリート	冷却	パイプクーリングなど
		保温	断熱性の高いせき板、断熱材など
	工場製品	給熱	蒸気、オートクレーブなど
有害な作用に対して保護する	コンクリート全般	防護	防護シート、せき板存置など
	海洋コンクリート	遮断	せき板存置など

[**湿潤養生**]　湿潤養生の手順と留意点は下記となる。

• コンクリート打込み後、セメントの**水和反応**が阻害されないように、<u>表面</u>
<u>からの乾燥を防止</u>するためにシートなどで日よけや風よけを設ける。

• まだ固まらないうちは、コンクリート表面を荒さないよう散水や被覆など
<u>を行わない</u>。

• 作業ができる程度に硬化した後、湿潤養生を開始する。コンクリート露出

面は給水養生を基本とし、散水、湛水、十分に水を含んだ湿布や養生マットで給水養生を行う。
- 養生期間は下表を標準とする。

■ 湿潤養生の養生期間

日平均気温	普通ポルトランドセメント	混合セメントB種	早強ポルトランドセメント
15℃以上	5日	7日	3日
10℃以上	7日	9日	4日
5℃以上	9日	12日	5日

［暑中コンクリートの養生］ 暑中コンクリートでは下記のような問題があり、コンクリートの打込み温度をできるだけ低くするため材料の取扱い、練混ぜ、運搬、打込み及び養生などについて特別の配慮を払わなければならない。
- 運搬中のスランプの低下。
- 連行空気量の減少。
- コールドジョイントの発生。
- 表面の水分の急激な蒸発によるひび割れの発生。
- 温度ひび割れの発生。

［寒中コンクリートの養生］ 寒中コンクリートの養生は、保温養生と給熱養生に分類される。

■ 寒中コンクリートの養生の分類

保温養生	断熱性の高い材料で、水和熱を利用して保温する
給熱養生	保温のみで凍結温度以上を保つことができない場合に、外部から熱を供給する

　保温養生あるいは給熱養生終了後に急に寒気にさらすと、コンクリート表面にひび割れが生じるおそれがあるので、適当な方法で保護し表面が徐々に冷えるようにしなければならない。

　寒中コンクリートの養生期間の目安は次表である。

■ 寒中コンクリートの養生期間

	断面	普通の場合		
構造物の露出状態	セメントの種類／養生温度	普通ポルトランドセメント	早強ポルトランドセメント 普通ポルトランドセメント ＋ 促進剤	混合セメントB種
(1) 連続して、あるいは、しばしば水で飽和される部分	5℃	9日	5日	12日
	10℃	7日	4日	9日
(2) 普通の露出状態にあり、(1) に属さない部分	5℃	4日	3日	5日
	10℃	3日	2日	4日

▶ 型枠・支保工

■ 型枠の施工

　型枠の施工にあたっては、下記の留意事項がある。

- 締付け金物は型枠を取り外した後、<u>コンクリート表面に残さない。</u>

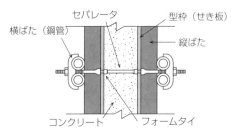

● 締付け金物の構造

- せき板内面には、<u>はく離剤を塗布し</u>コンクリートの付着を防ぎ、取り外しを容易にする。
- 打込み前、打込み中に寸法やはらみなどの不具合の有無を確認する。

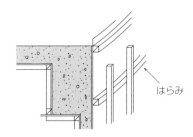

● 型枠のはらみの例

選択問題

◘ 支保工の施工

支保工の施工にあたっては、下記の留意事項がある。

- 支保工が沈下しないよう、基礎地盤は所要の支持力が得られるように整地し、必要に応じて適切な補強を行う。
- 埋戻し土に支持させる場合は、十分に転圧する。
- 支保工の根本が水で洗われる場合は、その処理に注意する。

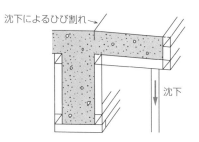

● 支保工の沈下の例

◘ 型枠・支保工の取り外し

型枠や支保工の取り外しは、コンクリートが所要の強度に達してから行う。

部材面の種類	例	圧縮強度〔N/mm²〕
厚い部材の鉛直または鉛直に近い面、傾いた上面、小さいアーチの外面	フーチングの側面	3.5
薄い部材の鉛直に近い面、45度より急な傾きの下面、小さいアーチの内面	柱、壁、はりの側面	5.0
橋、建物などのスラブ及びはり、45度より緩い傾きの下面	スラブ、はりの底面、アーチの内面	14.0

型枠・支保工を取り外した直後に載荷する場合は、ひび割れ、損傷を受ける場合が多いので、圧縮強度をもとに計算などにより確認する。

◘ 型枠・支保工の作用する荷重

[鉛直荷重] 型枠・支保工の計算で用いるコンクリートの単位重量は $23.5\,kN/m^3$ を標準とし、鉄筋コンクリートの場合は鉄筋の重量 $1.5\,kN/m^3$ を加算する。

[水平荷重] パイプサポートなどを用いる場合は設計鉛直荷重の5%、鋼管枠組を使用する場合は設計鉛直荷重の2.5%を水平荷重と仮定する。

[コンクリートの側圧] コンクリートの側圧は、構造物条件、コンクリート

の条件及び施工条件、温度との関係によって変化するため、下記の主な要因の影響を考慮して側圧の値を定める。

■ コンクリート側圧の主な要因

主な条件	主な要因
構造物条件	部材の断面寸法、鉄筋量など
コンクリートの条件	使用材料、配合、スランプとその保持時間、凝固時間、コンクリートの温度など
施工条件	打込みの速度、打込みの高さ、締固めの方法、再振動の有無
温度との関係	コンクリート温度が低いと型枠に作用するコンクリートの側圧が大きくなる

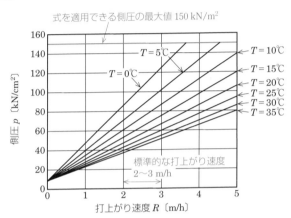

● スランプが10cm程度以下のコンクリートの側圧（柱の場合）

● 鉄筋加工・組立て

［鉄筋の加工］ 鉄筋は常温で加工する。曲げ加工した鉄筋の曲げ戻しは行わない。やむを得ず曲げ戻しを行う場合は、できるだけ大きな半径で行うか、900～1,000℃程度で加熱加工する。

［鉄筋の組立て］ 鉄筋は、組み立てる前に清掃して浮き錆などを除去し、鉄筋とコンクリートとの付着を害しないようにする。

　鉄筋を組み立ててから長時間経過した場合には、再度鉄筋表面を清掃し、浮き錆などを除去して正しい位置に配置するために、鉄筋の交点の要所は直径0.8mm以上の焼きなまし鉄線、クリップで緊結する。ただし、かぶり内に残さない。

　型枠に接するスペーサはモルタル製、コンクリート製を使用し、スペーサの数は「はり、床板などで1m²当たり4個以上」「壁及び柱で1m²当たり2～4個」とする。

頂版部 側壁部

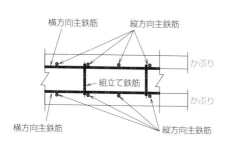
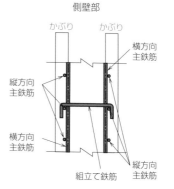

● 鉄筋の組立て

[鉄筋の継手] 重ね継手の焼なまし鉄線はかぶり内に残してはならない。焼きなまし鉄線は直径0.8mm以上とし、数箇所緊結する。

　鉄筋の継手の位置は、一断面に集中させないように鉄筋直径の25倍以上ずらすようにする。

　引張鉄筋の重ね継手の長さは、付着応力度より算出する重ね継手長以上、かつ、鉄筋の直径の20倍以上重ね合わせる。

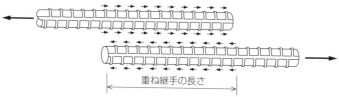

重ね継手の長さ

● 重ね継手

4　各種コンクリートの施工

出題頻度 ★☆☆

● 暑中コンクリートの施工

　コンクリートを施工する場合、日平均気温が25℃を超えることが予想されるときは、**暑中コンクリート**として施工する。

• 打込み時のコンクリートの温度は35℃以下とする。

• 練混ぜ開始から打ち終わるまでの時間は1.5時間以内を原則とする。

● 寒中コンクリートの施工

コンクリートを施工する場合、日平均気温が4℃以下になることが予想されるときは、寒中コンクリートとして施工する。

- セメントはポルトランドセメント及び混合セメントB種を用いることを標準とする。
- 配合についてはAEコンクリートを原則とする。
- 打込み時のコンクリート温度は5〜20℃の範囲を保つ。
- 練混ぜ開始から打ち終わるまでの時間はできるだけ短くして、温度低下を防ぐ。

● マスコンクリートの施工

大量のコンクリートを連続して施工する場合など、セメントの水和熱に起因した温度ひび割れが問題となる。この場合、マスコンクリートとして施工する。

- マスコンクリートの材料には、発熱量の少ない中庸熱ポルトランドセメントや低熱ポルトランドセメントなどを用いる。
- コンクリートの品質を確保するために、異なる工場から供給する場合は同一のセメント、同一の混和剤を使用し、可能であれば細骨材、粗骨材も同一の産地がよい。
- コンクリートの運搬距離、運搬方法、打込み方法などを考慮して製造時の温度を（低く）設定する。
- 打込み時、計画された温度の上限を超えない。
- 適切な養生を行い、温度抑制にはパイプクーリングなどを用いる。

選択問題

過去問チャレンジ（章末問題）

問1　配合　H30-前 No.6　　➡ 1 コンクリートの品質

　コンクリート標準示方書におけるコンクリートの配合に関する次の記述のうち、<u>適当でないもの</u>はどれか。

(1)　コンクリートの単位水量の上限は、$175\,\mathrm{kg/m^3}$ を標準とする。

(2)　コンクリートの空気量は、耐凍害性が得られるように4〜7％を標準とする。

(3)　粗骨材の最大寸法は、鉄筋の最小あき及びかぶりの 3/4 を超えないことを標準とする。

(4)　コンクリートの単位セメント量の上限は、$200\,\mathrm{kg/m^3}$ を標準とする。

> **解説**　コンクリートの単位セメント量は、<u>下限値</u>が設定されている。粗骨材の最大寸法が $20\sim25\,\mathrm{mm}$ の場合は $270\,\mathrm{kg/m^3}$ 以上確保し、より望ましい値としては $300\,\mathrm{kg/m^3}$ 以上とするのが推奨されている。　　　**解答**　(4)

問2　スランプ試験　H29-後 No.6　　➡ 1 コンクリートの品質

　コンクリートのスランプ試験に関する次の記述のうち、<u>適当でないもの</u>はどれか。

(1)　スランプ試験は、高さ 30 cm のスランプコーンを使用する。

(2)　スランプ試験は、コンクリートの空気量を測定する試験である。

(3)　スランプ試験は、コンクリートをほぼ等しい量の3層に分けてスランプコーンに詰め、各層を突き棒で 25 回ずつ一様に突く。

(4)　スランプ試験では、スランプコーンに詰めたコンクリートの上面をならした後、スランプコーンを静かに引き上げ、コンクリートの中央部でスランプを測定する。

解説 コンクリートのスランプとは、まだ固まらないコンクリートの軟らかさの程度 (コンシステンシー) を表す値で、スランプ試験によって求める。空気量は「コンクリートの空気量試験」で測定する。

スランプは、ワーカビリティーが満足される範囲内でできるだけ小さくするのが基本である。　　　　　　　　　　　　　　　　　　　　　　　解答　(2)

問3　セメント　R1-後No.5　　　　　➡2 コンクリートの材料

コンクリート用セメントに関する次の記述のうち、適当でないものはどれか。

(1)　セメントは、風化すると密度が大きくなる。

(2)　粉末度は、セメント粒子の細かさをいう。

(3)　中庸熱ポルトランドセメントは、ダムなどのマスコンクリートに適している。

(4)　セメントは、水と接すると水和熱を発しながら徐々に硬化していく。

解説 セメントの密度は化学成分によって変化し、風化するとその値は小さくなる。セメントの風化とは、大気中の湿気とセメント粒子の表面が水和する現象で、密度は低下し、強熱減量 (揮発する成分の合計量) が増し、強度が低下する。　　　　　　　　　　　　　　　　　　　解答　(1)

---

point　**ワンポイントアドバイス**

中庸熱ポルトランドセメント
中庸熱ポルトランドセメントがダムなどのマスコンクリートに適しているのは、普通ポルトランドセメントに比べて水和に伴う発熱量が小さく、温度ひび割れの抑制が可能となるからである。

問4　骨材　H30-後No.5　　　　　➡2 コンクリートの材料

コンクリートで使用される骨材の性質に関する次の記述のうち、適当なものはどれか。

(1)　すりへり減量が大きい骨材を用いたコンクリートは、コンクリートのす

りへり抵抗性が低下する。

(2) 吸水率が大きい骨材を用いたコンクリートは、耐凍害性が向上する。

(3) 骨材の粒形は、球形よりも偏平や細長がよい。

(4) 骨材の粗粒率が大きいと、粒度が細かい。

> **解説** 吸水率が大きい骨材を用いたコンクリートは、強度や耐久性が低下
> すると耐凍害性は低下する場合があるので適当でない。
> 骨材に砕石を用いる場合は、角ばりの程度の大きなものや、細長い粒、あ
> るいは偏平な粒の多いものは避けるので適当でない。
> 骨材の粗粒率が大きいと、粒度が大きいので適当でない。
>
> 解答　(1)

問5 **混和材料** **R1-前No.5** ➡ 2 コンクリートの材料

コンクリートに用いられる次の混和材料のうち、発熱特性を改善させる混和材料として適当なものはどれか。

(1) 流動化剤

(2) 防錆材
ぼうせいざい

(3) シリカフューム

(4) フライアッシュ

> **解説** フライアッシュは、適切に用いることによって以下の効果が期待で
> きる混和材である。
> ・コンクリートのワーカビリティーを改善し、単位水量を減らす。
> ・水和熱による温度上昇を小さくする。
> ・長期材齢における強度を増加させセメントの使用量が節減できる。
> ・乾燥収縮を減少させる。
> ・水密性や化学的浸食に対する耐久性を改善させる。
> ・アルカリ骨材反応を抑制する。
>
> 解答　(4)

point ワンポイントアドバイス

混合材料の特徴

流動化剤はコンクリートの流動性を増大させる。防錆剤は鉄筋の防錆効果がある。シリカフュームは高性能AE減水剤と併用することにより所要の流動性が得られ、しかもブリーディングや材料分離を減少させる。

問6　運搬　H29-後 No.8　　⇒ 3 コンクリートの施工

コンクリートの運搬と打込みに関する次の記述のうち、適当でないものはどれか。

(1)　コンクリートと接して吸水するおそれのあるところは、コンクリートを打ち込む前にあらかじめ湿らせておく。

(2)　コンクリートポンプでの圧送は、できるだけ連続的に行う。

(3)　コンクリート打込み中に表面にたまった水は、ひしゃくやスポンジなどで取り除く。

(4)　シュートを用いて打ち込む場合には、コンクリートの材料分離を起こしにくい斜めシュートを用いる。

解説　シュートを用いる場合は、縦シュートの使用を標準とする。　　解答　(4)

問7　打込み・締固め　R1-前 No.6　　⇒ 3 コンクリートの施工

コンクリートの打込みに関する次の記述のうち、適当でないものはどれか。

(1)　コンクリートと接して吸水のおそれのある型枠は、あらかじめ湿らせておかなければならない。

(2)　打込み前に型枠内にたまった水は、そのまま残しておかなければならない。

(3)　打ち込んだコンクリートは、型枠内で横移動させてはならない。

(4)　打込み作業にあたっては、鉄筋や型枠が所定の位置から動かないように注意しなければならない。

解説 打込み前に型枠内にたまった水は取り除く。
型枠内にたまった水は、型枠に接する面が洗われ、砂すじや打上り面近く
に脆弱な層を形成するおそれがあるため、スポンジやひしゃく、小型水中
ポンプなどにより適切に取り除かなければならない。 解答 (2)

問8 レディーミクストコンクリート　H20-No.08　➡3 コンクリートの施工

JIS A 5308 に基づき、レディーミクストコンクリートを購入する場合、
品質の指定に関する項目として<u>適当でないもの</u>は次のうちどれか。

(1) セメントの種類
(2) 水セメント比の下限値
(3) 骨材の種類
(4) 粗骨材の最大寸法

解説 指定されないのは<u>水セメント比の下限値</u>である。生産者と協議する
事項としては、設問以外に「アルカリシリカ反応抑制対策の方法」がある。
解答 (2)

問9 養生　H24-No.8　➡3 コンクリートの施工

コンクリートの仕上げと養生に関する次の記述のうち、<u>適当でないもの</u>は
どれか。

(1) 滑らかで密実な表面を必要とする場合には、コンクリート打込み後、固
まらないうちにできるだけ速やかに、木ごてでコンクリート上面を軽く押
して仕上げる。
(2) 養生は、十分硬化するまで衝撃や余分な荷重を加えずに風雨、霜、直射
日光から露出面を保護することである。
(3) 打上り面の表面仕上げは、コンクリートの上面に、しみ出た水がなくな
るかまたは上面の水を取り除いてから行う。
(4) 湿潤養生は、打込み後のコンクリートを十分に保護し、硬化作用を促進

させるとともに乾燥によるひび割れなどができないようにする。

解説 滑らかで密実な表面を必要とする場合には、コンクリート打込み後、固まらないうちにできるだけ遅い時期に、金ごてでコンクリート上面を軽く押して仕上げる。　　　　　　　　　　　　　　　　　　　　　　解答　(1)

問10 型枠・支保工　R1-後 No.8　　　　➡️ 3 コンクリートの施工

型枠・支保工の施工に関する次の記述のうち、適当でないものはどれか。

(1) 型枠内面には、はく離剤を塗布する。

(2) 型枠の取り外しは、荷重を受ける重要な部分を優先する。

(3) 支保工は、組立て及び取り外しが容易な構造とする。

(4) 支保工は、施工時及び完成後の沈下や変形を想定して、適切な上げ越しを行う。

解説 型枠の取り外しは、構造物に害を与えないように比較的荷重を受けない部分から取り外す。　　　　　　　　　　　　　　　　　　　　　解答　(2)

問11 鉄筋加工・組立て　H30-前 No.8　　　　➡️ 3 コンクリートの施工

鉄筋の組立てと継手に関する次の記述のうち、適当でないものはどれか。

(1) 型枠に接するスペーサは、モルタル製あるいはコンクリート製を原則とする。

(2) 組立て後に鉄筋を長期間大気にさらす場合は、鉄筋表面に防錆処理を施す。

(3) 鉄筋の重ね継手は、焼なまし鉄線で数箇所緊結する。

(4) 鉄筋の継手は、大きな荷重がかかる位置で同一断面に集めるようにする。

解説 鉄筋の継手は、大きな荷重がかからない位置で同一断面に集めないようにする。　　　　　　　　　　　　　　　　　　　　　　　　　　解答　(4)

ワンポイントアドバイス

スペーサ・重ね継手
型枠に接するモルタル製あるいはコンクリート製のスペーサは、本体コンクリートと同等程度以上の品質を有するものを用いる。鉄筋の重ね継手は、直径0.8mm以上の焼なまし鉄線を用いる。

問12 各種コンクリート R1-前No.8 　　　　　➡4各種コンクリート

各種コンクリートに関する次の記述のうち、適当でないものはどれか。

(1) 日平均気温が4℃以下となると想定されるときは、寒中コンクリートとして施工する。

(2) 寒中コンクリートで保温養生を終了する場合は、コンクリート温度を急速に低下させる。

(3) 日平均気温が25℃を超えると想定される場合は、暑中コンクリートとして施工する。

(4) 暑中コンクリートの打込みを終了したときは、速やかに養生を開始する。

解説 寒中コンクリートで保温養生を終了する場合は、コンクリート温度を急速に低下させてはならない。これは、給熱養生を終了させる場合も同様で、温度の高いコンクリートを急に寒気にさらすとコンクリートの表面にひび割れが生じるおそれがあるので、適当な方法で保護し表面の急冷を防止する。　　　　　解答 (2)

ワンポイントアドバイス

寒中コンクリートを用いる理由
日平均気温が4℃以下になるような気象条件のもとでは、凝結及び硬化反応が著しく遅延して、夜間、早朝、日中でもコンクリートが凍結するおそれがあるので、寒中コンクリートとしての対応が必要となる。

第 **3** 章 基礎工

1 既製杭の施工

出題頻度 ★★★

▶ 既製杭の施工分類

　杭工法を分類すると、一般的に下図のように分類できる。既製杭（きせいぐい）の工法でよく出題されるのは以下の2つである。

- 打込み杭工法 …… **打撃工法**
- 埋込み杭工法 …… **中掘り杭工法、プレボーリング杭工法**

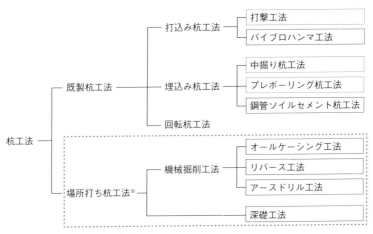

※場所打ち杭工法については次項を参照

● 杭工法の分類

　杭の材質や形状について分類すると、一般的に下図にように分類できる（場所打ち杭はコンクリート杭に分類される）。既製杭からよく出題されるのは以下の2つである。

- 鋼管 ……………… **鋼管杭**
- コンクリート杭 …… **PHC杭**

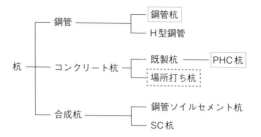

● 杭の分類

▶ 打込み杭工法

　打込み杭工法は、<u>油圧ハンマ</u>、<u>ドロップハンマ</u>などで既製杭の杭頭部を打撃して杭を所定の深さまで打ち込む工法である。

◼ 打込み杭工法の長所・短所

[長所]
- <u>既製杭</u>のため杭体の品質はよい。
- 施工速度が速く、施工管理が比較的容易である。
- 小規模工事でも割高にならない。
- 打止め管理式などにより、<u>簡易に支持力の確認</u>が可能である。
- 残土が発生しない。

[短所]
- 他工法に比べて、<u>騒音、振動が大きい</u>。
- コンクリート杭の場合、径が大きくなると重量が大きくなるため、運搬、取扱いには注意が必要である。
- 所定の高さで打止りにならない場合、長さの調整が必要となる。

◼ 打込み順序

　一般に、杭基礎を構成する杭は<u>群杭</u>を形成する。杭は、地盤の<u>締固め効果</u>によって打込み抵抗が増大して貫入不能となったり、すでに打ち込んだ杭に有害な変形が生じたりするため、下記のように打込み順序を決めておく必要がある。

- 一方の隅から他方の<u>隅へ打ち込んでいく</u>。

- 中央部から周辺へ向かって打ち込んでいく。
- 既設構造物に近接している場合は、構造物の近くから離れる方向に打ち込んでいく。

◘ 打込み作業

[試し打ち] 全体の打込み精度を高めるために、試し打ちを行い、杭心の位置や角度を確認してから本打ちに移る。

[軟弱地盤への打込み] N値が5程度以下の場合は、ラム落下高を調整してできるだけ打撃力を小さくして打ち込む。なお、軟弱地盤では杭先端の抵抗力が小さくなり、杭体の大きな引張応力が生じるのでクラック発生に注意する。

[ヤットコの使用] ヤットコは、所定の打込み深さより50cm以上長いものを使用する。

● 中掘り杭工法

中掘り杭工法は、先端開放の既製杭の内部にスパイラルオーガなどを通して地盤を掘削しながら杭を沈設し、所定の支持力が得られるよう先端処理を行う工法である。

◘ 中掘り杭工法の長所・短所

[長所]
- 振動、騒音が小さい。
- 既製杭のため杭体の品質はよい。
- 打込み杭工法に比べて近接構造物に対する影響が小さい。
- 先端処理にセメントミルクを使用する工法は、管理手法が確立した工法に限られるため、施工品質が安定している。
- 場所打ち杭などに比べて排土量が少ない。

[短所]
- 打込み杭工法に比較して施工管理が難しい。
- 泥水処理、排土処理が必要である。
- コンクリート杭の場合、径が大きくなると重量が大きくなるため、施工機械選定には注意が必要である。

選択問題

■ 施工順序

❶ 杭内にスパイラルオーガを挿入し建て込む。

❷ スパイラルオーガを回転させ掘削を開始する。

❸ 掘削と排土を行い、杭を沈設する。

❹ 支持層に達したら先端処理を行う。

❺ スパイラルオーガを引き抜く。

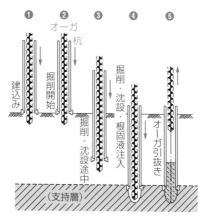

● 中掘り杭工法の施工手順

■ 先端処理方法

中掘り杭工法の先端処理方法は下記のように分類される。

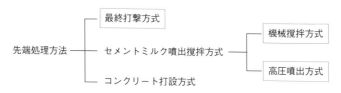

● 先端処理方法の分類

[**最終打撃方式**] 打込み杭工法と同様に支持層への根入れをドロップハンマなどで行う。

[**セメントミルク噴出撹拌方式**]

• **機械撹拌方式**：セメントミルクを低圧（1MPa程度以上）で噴出し機械的に撹拌

- 高圧噴出方式：セメントミルクを高圧（15MPa程度以上）で噴出し噴流で
  撹拌

◨ 根固管理

セメントミルクの練混ぜ開始時間は、中掘り沈設完了時期に十分練り混ざったものを供給できるように時間を逆算して決める。

セメントの計量は、袋詰めセメントの場合は袋数による重量とし、バラセメントの場合は計量器による重量で確認する。

● プレボーリング杭工法

◨ プレボーリング杭工法の長所・短所

［長所］
- 振動、騒音が小さい。[1]
- 既製杭のため杭体の品質はよい。
- 打込み杭工法に比べて近接構造物に対する影響が小さい。[1]

［短所］
- 打込み杭工法に比較して施工管理が難しい。[2]
- 泥水処理、排土処理が必要である。[2]
- 杭径が大きくなると杭体重量が大きくなるため、施工機械選定には注意が必要である。

[1] 中掘り杭工法と比べて不利
[2] 中掘り杭工法と比べて有利

◨ 施工順序

スパイラルオーガと先端ビットにより掘削液を注入しながら地盤を掘削し、所定の深度に達したら根固液に切り換えて支持層の土砂を掘削、撹拌する。その後スパイラルオーガを正転で引き上げながら杭周固定液を注入、先端閉塞型のコンクリートパイルを自沈、圧入または軽打により所定深度に定着させる。

選択問題

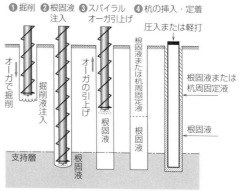

① 掘削　② 根固液注入　③ スパイラルオーガ引上げ　④ 杭の挿入・定着

● プレボーリング杭工法の施工手順

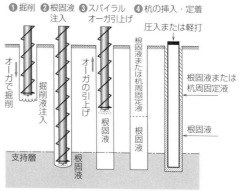
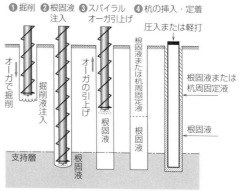

2 場所打ち杭の施工

出題頻度 ★★★

▶ 場所打ち杭工法

◼ 代表的な4工法の概要

工法	概要
オールケーシング工法	杭の全長にわたり鋼製ケーシングチューブを揺動圧入または回転圧入し、地盤の崩壊を防ぐ。ボイリングやパイピングは、孔内水位を地下水位と均衡させることにより防止する。ハンマグラブで掘削排土することにより掘削を行う。掘削完了後、鉄筋かごを建て込み、コンクリートの打込みに伴いケーシングチューブを引き抜く
リバース工法	スタンドパイプを建て込み、孔内水位は地下水位より2m以上高く保持し、孔壁に水圧をかけて崩壊を防ぐ。ビットで掘削した土砂を、ドリルパイプを介して泥水とともに吸い上げ排出する。掘削完了後、鉄筋かごを建て込み、コンクリートを打込み後、スタンドパイプを引き抜く
アースドリル工法	表層ケーシングを建て込み、孔内に安定液を注入する。安定液水位を地下水位以上に保ち、孔壁に水圧をかけて崩壊を防ぐ。ドリリングバケットにより掘削排土する。掘削完了後の工程はリバース工法と同様
深礎工法	ライナープレート、波形鉄板とリング枠、モルタルライニングによる方法などによって、孔壁の土留めをしながら内部の土砂を掘削排土する。掘削完了後、鉄筋かごを建て込みあるいは孔内で組み立てる。その後、コンクリートを打ち込む

◼ 場所打ち杭工法の長所・短所

[長所]

- 振動、騒音が小さい。
- 大径の杭が施工可能である。
- 長さの調整が比較的容易である。

- 掘削土砂により中間層や支持層の土質を確認することができる。
- 既製杭工法に比べて近接構造物に対する影響が小さい。

[短所]

- 既製杭工法に比較して施工管理が難しい。
- 泥水処理、排土処理が必要である。
- 小径の杭の施工が不可能である。
- 杭本体の信頼性は既製杭に比べて小さい。

▶ オールケーシング工法

オールケーシング工法は、**ケーシングチューブ**を掘削孔全長にわたり揺動（回転）、または押し込みながらケーシングチューブ内の土砂を**ハンマグラブ**で掘削・排土し、杭体を築造する工法である。

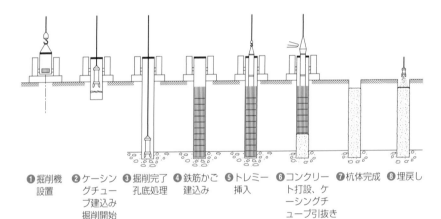

❶掘削機　❷ケーシン　❸掘削完了　❹鉄筋かご　❺トレミー　❻コンクリー　❼杭体完成　❽埋戻し
　設置　　　グチュー　　孔底処理　　建込み　　　挿入　　　　ト打設、ケ
　　　　　　ブ建込み　　　　　　　　　　　　　　　　　　　　ーシングチ
　　　　　　掘削開始　　　　　　　　　　　　　　　　　　　　ューブ引抜き

● オールケーシング工法の施工手順

■ オールケーシング工法の長所・短所

長所	短所
・孔壁の崩壊がない ・岩盤の掘削、埋設物の除去が容易	・ボイリング、パイピング、鉄筋の共上りを起こしやすい

リバース工法

リバース工法は、<u>泥水を循環</u>させて掘削し、杭体を築造する工法である。

■ リバース工法の長所・短所

長所	短所
・大口径、大深度の施工が可能 ・自然水で孔壁保護ができる ・岩の掘削が可能	・泥廃水の処理が必要 ・泥水管理に注意が必要

アースドリル工法

アースドリル工法は、**ドリリングバケット**を回転させて地盤を掘削し、バケット内部に収納された土砂を地上に排土した後、杭体を築造する工法である。

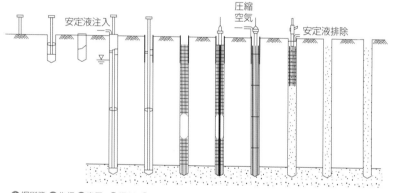

安定液注入　　　　　　　　　　　　　　圧縮空気　　　　安定液排除

| ❶掘削機設置 | ❷先行掘削 | ❸表層ケーシング建込み | ❹掘削 | ❺掘削完了・一次孔底処理 | ❻鉄筋かご建て込み | ❼トレミー挿入 | ❽二次孔底処理 | ❾コンクリート打設 | ❿表層ケーシング引抜き杭体完成 | ⓫埋戻し |

● アースドリル工法の施工手順

■ アースドリル工法の長所・短所

長所	短所
・機械設備が小さく工事費が安い ・施工速度が速い ・周辺環境への影響が少ない	・廃泥土の処理が必要 ・泥廃水の処理が必要 ・スライム処理が必要

▶ 深礎工法

深礎工法は、人力や機械で掘削を進めながらライナープレート、鋼製波板などの山留め材を設置する工法である。

■ 深礎工法の長所・短所

長所	短所
・大口径、大深度の施工が可能 ・自然水で孔壁保護ができる ・周辺環境への影響が少ない	・湧水が多い場合は適さない ・地盤が崩れやすい場所には適さない

3 土留め工（土止め工）　出題頻度 ★★★

▶ 土留め部材の名称

土留め支保工の各部名称を下図に示す。

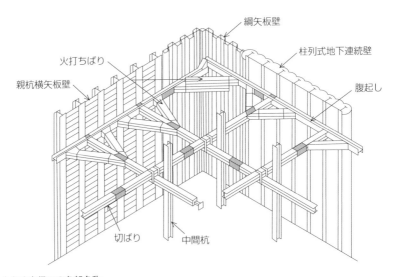

綱矢板壁

柱列式地下連続壁

火打ちばり

親杭横矢板壁

腹起し

切ばり

中間杭

● 土留め支保工の各部名称

▶ 土留め工施工時の注意事項

　土留め工施工時の掘削底面の安定のためには、下記現象に注意が必要。

［ヒービング］　ヒービングは、掘削背面の土塊重量が掘削面下の地盤支持力より大きくなったとき地盤内にすべり面が発生し、掘削底面に盛り上がりが生じる現象である。

［ボイリング］　ボイリングは、**砂質地盤**のような透水性の大きい地盤で浸透圧が掘削面側地盤の有効重量を超えたときに、砂の粒子が湧き立つ状態になる現象である。

［盤ぶくれ］　盤ぶくれは、掘削底面より下に存在する上向きの圧力を持った地下水により、掘削底面の**不透水性地盤**が持ち上げられる現象である。

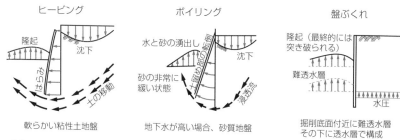

●土留め工施工時に生じる現象

ヒービング
　隆起
　沈下
　はらみ
　土の移動
　軟らかい粘性土地盤

ボイリング
　水と砂の湧出し
　沈下
　土留め壁の転倒
　砂の非常に緩い状態
　浸透流
　地下水が高い場合、砂質地盤

盤ぶくれ
　隆起（最終的には突き破られる）
　難透水層
　水圧
　掘削底面付近に難透水層その下に透水層で構成

問1 **既製杭の施工全般**　R2-後 No.9　　　➡ 1 既製杭の施工

既製杭の施工に関する次の記述のうち、適当なものはどれか。

(1)　打撃工法による群杭の打込みでは、杭群の周辺から中央部に向かって打ち進むのがよい。

(2)　中掘り杭工法では、地盤の緩みを最小限に抑えるために過大な先掘りを行ってはならない。

(3)　中掘り杭工法は、あらかじめ杭径より大きな孔を掘削しておき、杭を沈設する。

(4)　打撃工法では、施工時に動的支持力が確認できない。

解説　中掘り杭工法の掘削、沈設中は、過大な先掘りや拡大掘りを行ってはならない。中間層が比較的硬質で沈設が困難な場合でも、杭径程度以上の先掘りや拡大掘りは周辺地盤を乱し、周面摩擦力を低減させるので注意する。

中掘り杭工法は、既製杭の中空部をアースオーガで掘削しながら杭を地盤に貫入させていく埋込み杭工法である。

打撃工法では、施工時に動的支持力が確認できる。　　　　　解答　(2)

問2 **打込み杭工法**　R1-後 No.9　　　➡ 1 既製杭の施工

既製杭の打込み杭工法に関する次の記述のうち、適当でないものはどれか。

(1)　杭は打込み途中で一時休止すると、時間の経過とともに地盤が緩み、打込みが容易になる。

(2)　一群の杭を打つときは、中心部の杭から周辺部の杭へと順に打ち込む。

(3)　打込み杭工法は、中掘り杭工法に比べて一般に施工時の騒音・振動が大きい。

(4)　打込み杭工法は、プレボーリング杭工法に比べて杭の支持力が大きい。

解説 杭は打込み途中で一時休止すると、時間の経過とともに地盤の周面摩擦力が回復し、<u>打込みが困難になる</u>。 解答 (1)

point ▶ ワンポイントアドバイス

打込み順序の理由

一群の杭を打つときに、一方の隅から他方の隅へ打ち込む、または中心部の杭から周辺部の杭へと順に打ち込むのは、打込みによる地盤の締固め効果によって打込み抵抗が増大し貫入不能とならないようにするためである。

問3 **中掘り杭工法** R1-前No.9 ➡1既製杭の施工

既製杭の中掘り杭工法に関する次の記述のうち、適当でないものはどれか。

(1) 中掘り杭工法の掘削、沈設中は、過大な先掘り及び拡大掘りを行ってはならない。

(2) 中掘り杭工法の先端処理方法には、最終打撃方式とセメントミルク噴出撹拌方式がある。

(3) 最終打撃方式では、打止め管理式により支持力を推定することが可能である。

(4) セメントミルク噴出撹拌方式の杭先端根固部は、先掘り及び拡大掘りを行ってはならない。

解説 セメントミルク噴出撹拌方式の杭先端根固部は、拡大根固球根を築造する場合、拡大ビットにより<u>拡大掘削を行う</u>。設問の先掘り及び拡大掘りを行ってはならないのは、中間層のことである。 解答 (4)

プレボーリング杭工法 H29-前No.9　　　➡1 既製杭の施工

既製杭の施工に関する次の記述のうち、適当でないものはどれか。

(1) 打撃工法は、既製杭の杭頭部をハンマで打撃して地盤に貫入させるものである。

(2) 中掘り杭工法は、既製杭の中空部をアースオーガで掘削しながら杭を地盤に貫入させていくものである。

(3) バイブロハンマ工法は、振動機を既製杭の杭頭部に取り付けて地中に貫入させるものである。

(4) プレボーリング杭工法は、杭径より小さな孔を地盤にあけておき、その中に既製杭を機械で貫入させるものである。

> **解説** プレボーリング杭工法は、掘削ビットやロッドを用いて杭径以上を掘削・泥土化した掘削孔内の地盤に根固液、杭周固定液を注入し撹拌混合してソイルセメント状にした後、既製杭を沈設する埋込み杭工法である。
>
> 解答 (4)

場所打ち杭工法の概要 R1-前No.10　　　➡2 場所打ち杭の施工

場所打ち杭の「工法名」と「掘削方法」に関する次の組合せのうち、適当なものはどれか。

　　　［工法名］　　　　　　　　　　　［掘削方法］
(1) オールケーシング工法 ……………　表層ケーシングを建て込み、孔内に注入した安定液の水圧で孔壁を保護しながら、ドリリングバケットで掘削する。

(2) アースドリル工法 …………………　掘削孔の全長にわたりライナープレートを用いて孔壁の崩壊を防止しながら、人力または機械で掘削する。

(3) リバースサーキュレーション工法 ……　スタンドパイプを建て込み、掘削孔

に満たした水の圧力で孔壁を保護し
ながら、水を循環させて削孔機で掘
削する。

(4) 深礎工法 ……………………… 杭の全長にわたりケーシングチューブ
を挿入して孔壁の崩壊を防止しなが
ら、ハンマグラブで掘削する。

解説 「オールケーシング工法」は、杭の全長にわたりケーシングチューブ
を挿入して孔壁の崩壊を防止しながら、ハンマグラブで掘削する。孔壁崩
壊防止が確実であり適用地盤は広いが、機械の重量が重いので据付け地盤
の強度には注意が必要。設問の「表層ケーシングを建て込み、孔内に注入
した安定液の水圧で孔壁を保護しながら、ドリリングバケットで掘削す
る」はアースドリル工法である。

「アースドリル工法」は、表層ケーシングを建て込み、孔内に注入した安
定液の水圧で孔壁を保護しながら、ドリリングバケットで掘削する。施工
速度が速く仮設が簡単で無水で掘削できる場合もある。設問の「掘削孔の
全長にわたりライナープレートを用いて孔壁の崩壊を防止しながら、人力
または機械で掘削する」は深礎工法である。

「深礎工法」は、掘削孔の全長にわたりライナープレートを用いて土留め
をしながら孔壁の崩壊を防止する。掘削は人力または機械で行うが、軟弱
地盤や被圧地下水が高い場合の適応性は低い。設問の「杭の全長にわたり
ケーシングチューブを挿入して孔壁の崩壊を防止しながら、ハンマグラブ
で掘削する」はオールケーシング工法である。 解答 (3)

問6 オールケーシング工法 R2-後 No.10 ➡ 2 場所打ち杭の施工

場所打ち杭工に関する次の記述のうち、適当でないものはどれか。

(1) オールケーシング工法では、ハンマグラブで掘削・排土する。

(2) オールケーシング工法の孔壁保護は、一般にケーシングチューブと孔内
水により行う。

(3) リバースサーキュレーション工法の孔壁保護は、坑内水位を地下水位よ
り低く保持して行う。

(4) リバースサーキュレーション工法は、ビットで掘削した土砂を泥水とともに吸い上げ排土する。

> **解説** リバースサーキュレーション工法の孔壁保護は、水を利用し、静水圧と自然泥水により孔壁面を安定させる。孔内水位は<u>地下水より2m以上高く保持</u>し孔内に水圧をかけて崩壊を防ぐ。　　　　　解答　(3)

---

point **ワンポイントアドバイス**

オールケーシング工法の特徴
オールケーシング工法は、孔壁崩壊防止が確実であり適用地盤は広いが、機械の重量が重いので据付け地盤の強度には注意が必要となる。

問7 **アースドリル工法** H29-後No.10　　　➡ 2 場所打ち杭の施工

　場所打ち杭のアースドリル工法の施工において、使用しない機材は次のうちどれか。

(1) トレミー管
(2) ドリリングバケット
(3) サクションホース
(4) ケーシング

> **解説** アースドリル工法の施工で、使用しない機材は<u>サクションホース</u>である。サクションホースを使用するのはリバース工法で、ビットを回転させて地盤を切削し、土砂を孔内水とともにサクションポンプまたはエアリフト方式などにより地上に吸い上げて排出するのに使用する。
>
>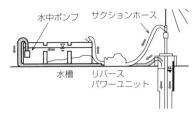
>
> ● 吸上げ式のサクションホース（杭基礎施工便覧より）
>
> 　　　　　解答　(3)

問8 **土留め部材の名称** ➡3 土留め工

　下図に示す土留め工法の（イ）、（ロ）の部材名称に関する次の組合せのうち、**適当なもの**はどれか。

　　　（イ）　　　　　　　　　　　（ロ）
(1)　火打ちばり ……………………… 腹起し
(2)　切ばり ……………………… 腹起し
(3)　切ばり ……………………… 火打ちばり
(4)　腹起し ……………………… 切ばり

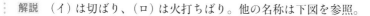

　解説　（イ）は切ばり、（ロ）は火打ちばり。他の名称は下図を参照。

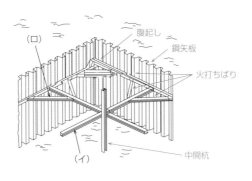

解答　(3)

　土留め壁の「種類」と「特徴」に関する次の組合せのうち、**適当なもの**はどれか。

　　　［種類］　　　　　　　　　［特徴］
(1)　地中連続壁 ……………… 剛性が小さく、他に比べ経済的である。
(2)　鋼矢板 ………………… 止水性が低く、地下水のある地盤に適する。
(3)　柱列杭 ………………… 剛性が小さいため、深い掘削にも適する。
(4)　親杭・横矢板 ………… 地下水のない地盤に適用でき、施工は比較的容
　　　　　　　　　　　　　　　易である。

解説　地中連続壁は、安定液を使用して掘削した壁状の溝の中に鉄筋かごを建て込み、場所打ちコンクリートで構築する連続した土留め壁で、剛性が高く工法によっては他に比べ不経済である。
鋼矢板は、継手部をかみ合わせ地中に連続して構築された土留め壁で止水性が高く、地下水のある地盤に適する。
柱列杭には、モルタル柱列壁、ソイルセメント柱列壁、泥水固化壁などがあり、モルタル柱列壁、ソイルセメント壁などは剛性が大きいため、深い掘削にも適する。　　　　　　　　　　　　　　　　　　　　　解答　(4)

Ⅱ部

選択 問題

専門土木

第 1 章

構造物一般

選択 問題

1 鋼材の特徴

出題頻度 ★★☆

▶ 鋼材の性質と用途

鋼材の力学特性は、「応力－ひずみ」の関係で表される。

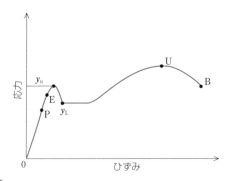

● 応力－ひずみの関係

- **比例限界点**（点P）：応力とひずみが直線的に比例する最大限度
- **弾性限界点**（点E）：荷重を取り除けばひずみが0に戻る弾性変形の最大限度
- **上降伏点**（点y_u）：応力が急激に下がり、ひずみが急激に増加しはじめる点
- **下降伏点**（点y_L）：応力が一定のままひずみが増加する点
- **最大応力度点**（点U）：応力が最大となる点
- **破断点**（点B）：最大応力度点から応力が減少してひずみが増加する限界点（破壊点）

▶ 鋼材の用途

［低炭素鋼］ 低炭素鋼は、展性・延性に富み、溶接などの加工性が優れているので多くの鋼構造物に使用されている。

[高炭素鋼] 高炭素鋼は、炭素量の増加により展性・延性・じん性が減少するが、引張強さ及び硬度が増加するので、<u>表面硬さの必要なキーやピン、工具</u>などに用いられる。

[耐候性鋼] 炭素鋼に銅、クロム、ニッケルなどを添加し、大気中での耐候性を高めたもの。<u>無塗装橋梁</u>などに用いられている。

[ステンレス鋼] クロム含有率を10.5％以上、炭素含有率を1.2％以下とした特殊用途鋼で、<u>耐食性が必要な構造物</u>などに用いられる。

[鋳鋼品] 鋼を鋳型に流し込んで、所要の形状にしたもの。形状が複雑な継手などに用いられている。

2 鋼橋の架設 出題頻度 ★★

▶ 鋼橋の架設方法

鋼橋の架設工法は、橋梁の形式、規模、地形によって異なる。一般的に用いられる代表的な工法を以下に示す。

[ベント工法] 自走式のレーン車を用いて桁を吊り架設する方法。支間が長い場合、桁の地組みができない場合などに、ベント（仮設の構台）を用いて架設する。

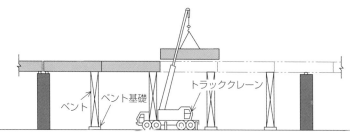

トラッククレーン

ベント ベント基礎

● ベント工法

[ケーブルクレーンによる直吊り工法] 桁下が流水部や谷で、ベント設置ができない場合などに用いられる。トラック及びトレーラで運搬された部材をケーブルクレーンで吊り込み架設する工法。仮設備が多くなり、架設工期も他の工法に比べて長くなる。

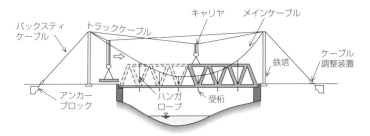

● ケーブルクレーンによる直吊り工法

［送出し工法］ 鉄道や道路、桁下空間が使用できない場合に用いられる工法。桁の組立ては自走クレーン車、門型クレーンなどで行い、送出し設備の設置は現地状況に合ったクレーンを使用して順次送り出す。架設作業が比較的短期間で済む。

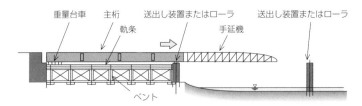

● 送出し工法

［片持式工法］ 河川上や山間部で桁下に自走クレーン車が進入できない場合に用いられる工法。トラスの上で**トラベラクレーン**を組み立て、連結材を介して片持式で架設する。

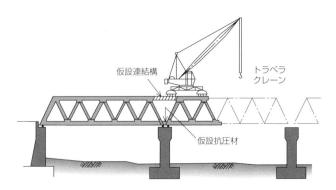

● 片持式工法

3 鋼材の溶接

▶ 鋼材の溶接継手

[溶接継手・突合せ溶接継手の種類]

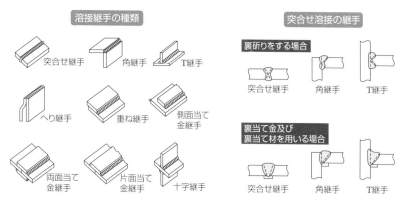

● 溶接継手・突合せ溶接継手の種類と形状

[開先溶接] 接合する部材間に間隙（グルーブ、開先）を作り、その部分に溶着金属を盛る溶接。**突合せ溶接継手、T継手、角継手**などに適用される。

[突合せ溶接] 溶接部全断面にわたって完全な溶込みと融合を持つ溶接。

● 突合せ溶接

[すみ肉溶接] 直交する2つの接合面（すみ肉）に溶着金属を盛って結合する三角形状の溶接。**T継手、重ね継手、角継手**などに適用される。

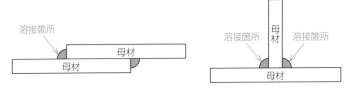

● すみ肉溶接

［応力を伝える溶接継手］ 応力を伝える継手には、**完全溶込み開先溶接**、**部分溶込み開先溶接、連続すみ肉溶接**を用いる。

4 高力ボルトの施工

出題頻度 ★★☆

▶ 高力ボルトの接合方法

◻ 3つの接合方法

高力ボルトの接合方法には、**摩擦接合・引張接合・支圧接合**の3つがある。

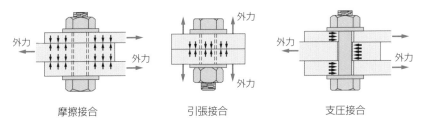

摩擦接合　　　　　　引張接合　　　　　　支圧接合

● 高力ボルトの接合方法

［摩擦接合］ ボルトで締め付けられた継手材間の摩擦力によって応力を伝達させる接合方法。

［引張接合］ 継手面に発生させた**接触応力**を介して応力を伝達させる接合方法。

［支圧接合］ ボルトのせん断応力、部材の孔のボルト軸部との**支圧抵抗**によって応力を伝達させる接合方法。

◻ 接合面の処理方法

［必要なすべり係数］ 摩擦接合における材片の接触面については、<u>すべり</u>

係数が0.4以上得られるように適切な処理を施す必要がある。

［継手の接触面を塗装しない場合］ 接触面の黒皮を除去して粗面とし、0.4以上のすべり係数を確保する。材片の締め付けにあたっては、接触面の浮き錆、油、泥などを十分に清掃して除去する。

［接触面を塗装する場合］ 施工時の条件に従って**厚膜型無機ジンクリッチペイント**を塗布する。

▶ 高力ボルトの締付け

摩擦接合継手におけるボルトの締付け方法は、軸力導入の管理方法によって下記の3つに大別され、それぞれの検査方法も異なる。

［トルク法（トルクレンチ法）］ 高力六角ボルトや**トルシア形高力ボルト**を用いる。各ボルト群の10%のボルト本数を検査することを標準として、トルクレンチによって締付け検査を行う。検査の合否は、締付けトルク値がキャリブレーション時の設定トルク値の±10%の範囲内のときに合格とする。

［耐力点法］ 高力六角ボルトを用いる。全数についてマーキングによる外観検査を行う。各ボルト群においてボルトとナットのマーキングのずれによる回転角を5本抜き取りで計測し、その平均値に対して一群のボルト全数が±30度の範囲にあること確認する。

［回転法（ナット回転法）］ 高力六角ボルトを用いる。全数についてマーキングによる外観検査を行う。ボルト長が径の5倍以下の場合は1/3回転（120度）で±30度の範囲内であることを確認し、5倍を超える場合は施工条件に一致した予備試験によって目標回転角を決定する。

［トルシア形高力ボルトについて］ 全数について**ピンテール**の切断を確認し、マーキングによる外観検査を行うものとする。

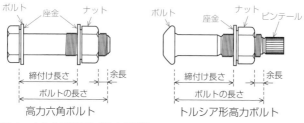

● 高力六角ボルト・トルシア形高力ボルトの構造

5 コンクリート構造物

▶ コンクリート構造物の耐久性

コンクリート構造物の耐久性を確保するためには、コンクリート中の<u>塩化物総量規制及びアルカリ骨材反応抑制対策</u>が重要である。

■ アルカリシリカ反応の抑制

[アルカリシリカ反応性による区分] アルカリシリカ反応は下記に区分される。

- 区分A：アルカリシリカ反応性試験の結果が<u>無害と判定されたもの。</u>
- 区分B：アルカリシリカ反応性試験の結果が<u>無害と判定されないもの、</u>またはこの試験を行っていないもの。

レディーミクストコンクリートは、アルカリシリカ反応性試験で<u>区分A「無害」と判定される骨材</u>を使用する。

[アルカリ骨材反応の抑制対策] 構造物に使用するコンクリートは、アルカリ骨材反応を抑制するため、次の3つの対策の中の<u>いずれか1つ</u>について確認を取らなければならない。

❶ コンクリート中の<u>アルカリ総量の抑制</u>
❷ 抑制効果のある<u>混合セメント</u>などの使用
❸ 安全と認められる<u>骨材</u>の使用

土木構造物では、❶、❷を<u>優先</u>する。❷については、JISに規定される高炉セメントに適合する高炉セメントB種、C種、あるいはJISに規定されるフライアッシュセメントに適合するフライアッシュセメントB種、C種を用いる。

[アルカリシリカ反応に対する耐久性] アルカリシリカ反応に対する耐久性を確保するためには、以下3つの抑制対策がある。

❶ アルカリ量が明示されたポルトランドセメントを使用し、混和剤のアルカリ分を含めてコンクリート $1m^3$ に含まれるアルカリ総量を Na_2O 換算で<u>3.0 kg以下</u>にする。
❷ アルカリ骨材反応抑制効果を持つ<u>混合セメント</u>を使用する。
❸ アルカリシリカ反応性試験で<u>区分A「無害」と判定される骨材</u>を使用する。

■ 塩化物イオンの総量

　荷卸し時にコンクリート中に含まれる塩化物イオンの総量は、コンクリート1m³当たり0.30 kg以下にする。ただし、購入者の承認を得た場合には、コンクリート1m³当たり0.6kg以下とすることができる。

● コンクリート構造物の劣化機構

[劣化機構の特徴]　鉄筋・無筋コンクリートの場合、劣化要因ごとに構造物に見られるひび割れ形状やその他変状に特徴がある。ひび割れの特徴及びその他変状との一般的な関係は、次の通りである。

■ 鉄筋コンクリートのひび割れ形状などの変状と劣化要因の関係

変状等＼要因	摩耗・風化	中性化	塩害	ASR	凍害	化学的腐食	疲労	乾燥収縮	外力
亀甲状				○	○			○	
細かい不規則なひび割れ					○	○		○	
鉄筋に関係してない軸方向ひび割れ					○				
軸力に対して直角のひび割れ※1							○	○	○
軸力に対して斜めのひび割れ※1							○	○	○
鉄筋に沿ったひび割れ		○	○					※2	
スケーリング					○	○			
コンクリート表層の軟化						○			

※1　軸力に対して直角及び斜めのひび割れは、水路壁では水平ひび割れとして現れる。
※2　かぶりの薄い部材では、乾燥収縮の場合でも鉄筋に沿ってひび割れが発生する。

■ ひび割れ以外の変状と劣化要因の関係

変状等＼要因	摩耗・風化	中性化	塩害	ASR	凍害	化学的腐食	疲労	乾燥収縮	外力
はく離	○	○	○	○	○	○	△	△	
はく落・角落ち	○	○	○	○	○	○	△	△	
鋼材腐食		○	○	△		○	△		
鋼材破断		△	△	△		△	○		
錆汁		○	○	△		○	△		
鋼材露出		○							
漏水							△	○	△
材料品質低下	△		△	○	○	○		○	
変位・変形		△	△	○			△	△	○

○：可能性大　△：可能性有

［劣化要因に対する対策方法］

■ 劣化要因とその対策方法の採用

劣化要因	対策方針	対策	対策を行ううえで考慮すべき事項
摩耗・風化	・摩耗したコンクリートの除去 ・補修後の水分の侵入抑制	・断面修復 ・表面保護	・断面修復材の材質 ・表面保護工の材質と厚さ ・劣化コンクリートの除去の程度
中性化	・中性化したコンクリートの除去 ・補修後のCO_2、水分の抑制	・断面修復 ・表面保護 ・再アルカリ化	・中性化部の除去の程度 ・鉄筋の防錆処理 ・断面修復材の材質 ・表面保護工の材質と厚さ ・コンクリートのアルカリ性のレベル
塩害	・侵入した塩化物イオンの除去 ・補修後の塩化物イオン、水分、酸素の侵入抑制	・断面修復 ・表面保護 ・脱塩	・侵入部除去の程度 ・鉄筋の防錆処理 ・断面修復材の材質 ・表面保護工の材質と厚さ ・塩化物イオン量の除去の程度
	・鉄筋の電位制御	・電気防食	・陽極材の品質 ・分極量
ASR	・水分の供給抑制 ・内部水分の散逸促進 ・アルカリ供給抑制	・ひび割れ注入 ・表面保護	・ひび割れ注入材の材質と施工法 ・表面保護工の材質と厚さ
凍害	・劣化したコンクリートの除去 ・補修後の水分抑制 ・コンクリートの凍結融解抵抗性の向上	・断面修復 ・ひび割れ注入 ・表面保護	・断面修復材の凍結融解抵抗性 ・ひび割れ注入材の材料と施工法 ・表面保護工の材質と厚さ
化学的腐食	・劣化したコンクリートの除去	・断面修復 ・表面保護	・断面修復工の材質 ・表面保護工の材質と厚さ ・劣化コンクリートの除去程度
疲労	・軽微な場合はひび割れ発展の抑制 ・大規模な場合は耐荷力の増加	・表面保護 ・パネル接着 ・打換え	・表面保護工の材質と厚さ ・パネル材の材質 ・コンクリートの強度
乾燥収縮	・ひび割れ発展の抑制 ・直射日光の遮断 ・目的の収縮性と強化	・ひび割れ注入 ・表面保護 ・目的補修	・ひび割れ注入材の材質と施工法 ・表面保護工の材質と厚さ ・適正な目地材の選定
外力	・軽微な場合はひび割れ発展の抑制 ・大規模な場合は耐荷力の増加	・アンカー補強 ・パネル接着 ・部材の増厚	・アンカー材の強度 ・パネル材の材質 ・コンクリートの厚さ

問1 **鋼材の性質** R1-前No.12 ➡1鋼材の特徴

　下図は、一般的な鋼材の応力度とひずみの関係を示したものであるが、次の記述のうち、**適当でないもの**はどれか。

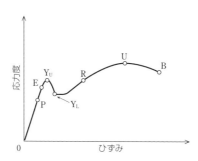

(1) 点Pは、応力度とひずみが比例する最大限度である。

(2) 点Eは、弾性変形をする最大限度である。

(3) 点Y_Uは、応力度が増えないのにひずみが急激に増加しはじめる点である。

(4) 点Uは、応力度が最大となる破壊点である。

> **解説** 点Uは、応力が最大となる**最大応力度点**である。設問の破壊点は点Bになる。
> 解答 (4)

問2 **鋼材の用途** H29-後No.12 ➡1鋼材の特徴

鋼材に関する次の記述のうち、適当でないものはどれか。

(1) 鋼材は、強さや伸びに優れ、加工性もよく、土木構造物に欠くことのできない材料である。

(2) 低炭素鋼は、延性、展性に富み溶接など加工性が優れているので、橋梁などに広く用いられている。

(3) 鋼材は、応力度が弾性限度に達するまでは塑性を示すが、それを超えると弾性を示す。

(4) 鋼材は、気象や化学的な作用による腐食が予想される場合、耐候性鋼などの防食性の高いものを用いる。

> 解説 鋼材は、応力度が弾性限度に達するまでは弾性を示すが、それを超えると塑性を示す。つまり、弾性限界までは伸びても元に戻るが、それを超えると伸びても元に戻らない。 解答 (3)

問3 **鋼橋の架設方法** R1-後 No.13 　　　　　　　　　➡ 2 鋼橋の架設

橋梁の「架設工法」と「工法の概要」に関する次の組合せのうち、適当でないものはどれか。

	[架設工法]	[工法の概要]
(1)	ベント式架設工法	橋桁を自走クレーンでつり上げ、ベントで仮受けしながら組み立てて架設する。
(2)	一括架設工法	組み立てられた部材を台船で現場までえい航し、フローティングクレーンでつり込み一括して架設する。
(3)	ケーブルクレーン架設工法	橋脚や架設した桁を利用したケーブルクレーンで、部材をつりながら組み立てて架設する。
(4)	送出し式架設工法	架設地点に隣接する場所であらかじめ橋桁の組立てを行って、順次送り出して架設する。

> 解説 ケーブルクレーン架設工法は、鉄塔で支えられたケーブルクレーンで、部材をつりながら組み立てて架設する工法である。 解答 (3)

問4　鋼材の溶接継手　R1-後 No.12　　⇒3 鋼材の溶接

鋼橋の溶接継手に関する次の記述のうち、適当でないものはどれか。

(1)　溶接を行う部分には、溶接に有害な黒皮、錆、塗料、油などがあってはならない。

(2)　応力を伝える溶接継手には、開先溶接または連続すみ肉溶接を用いなければならない。

(3)　溶接継手の形式には、突合せ継手、十字継手などがある。

(4)　溶接を行う場合には、溶接線近傍を十分に湿らせてから行う。

> 解説　溶接を行う場合には、溶接線近傍を十分に乾燥させてから行う。
> 解答　(4)

問5　高力ボルトの接合方法　H28-No.12　　⇒4 高力ボルトの施工

鋼道路橋に高力ボルトを使用する際の確認する事項に関する次の記述のうち、適当でないものはどれか。

(1)　鋼材隙間の開先の形状

(2)　高力ボルトの等級と強さ

(3)　摩擦面継手方法

(4)　締め付ける鋼材の組立て形状

> 解説　開先の形状が重要になるのは突合せ溶接である。開先とは、鋼材の端部を突き合わせたときにできるV字状の溝のこと。
> 解答　(1)

鋼道路橋における高力ボルトの締付けに関する次の記述のうち、<u>適当でないもの</u>はどれか。

(1) ボルト軸力の導入は、ナットを回して行うのを原則とする。

(2) ボルトの締付けは、各材片間の密着を確保し、応力が十分に伝達されるようにする。

(3) トルシア形高力ボルトの締付けは、本締めにインパクトレンチを使用する。

(4) ボルトの締付けは、設計ボルト軸力が得られるように締め付ける。

解説 トルシア形高力ボルトの締付けは、本締めに<u>専用締付け機</u>を用いる。作業性のよいインパクトレンチを使用できるのは、予備締めなど締付け精度を要しないもの。 解答 (3)

コンクリート構造物の耐久性を向上させる対策に関する次の記述のうち、<u>適当でないもの</u>はどれか。

(1) 塩害対策として、速硬エコセメントを使用する。

(2) 塩害対策として、水セメント比をできるだけ小さくする。

(3) 凍害対策として、吸水率の小さい骨材を使用する。

(4) 凍害対策として、AE剤を使用する。

解説 塩害対策として、<u>速硬エコセメントは使用しない</u>。速硬エコセメントは、塩化物イオン量が多いので無筋コンクリートなどに使用される。 解答 (1)

問8 **コンクリート構造物の劣化機構** **R1-前 No.14** ➡ 5 コンクリート構造物

　コンクリートの劣化機構に関する次の記述のうち、<u>適当でないもの</u>はどれか。

(1)　疲労は、繰返し荷重により大きなひび割れが先に発生し、これが微細ひび割れに発展する現象である。

(2)　凍害は、コンクリート中に含まれる水分が凍結し、氷の生成による膨張圧などでコンクリートが破壊される現象である。

(3)　塩害は、コンクリート中に浸入した塩化物イオンが鉄筋の腐食を引き起こす現象である。

(4)　化学的侵食は、硫酸や硫酸塩などによってコンクリートが溶解または分解する現象である。

解説 疲労は、繰返し荷重により<u>微細なひび割れ</u>が先に発生し、これが<u>大きなひび割れ</u>に発展する現象である。　　　　　　　　　　　　**解答** (1)

第**2**章 河川

選択 問題

1 河川堤防

出題頻度 ★★☆

⬤ 河川堤防の名称

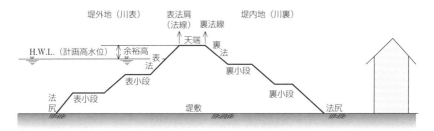

● 河川堤防の名称

- **堤外地**（川表）：堤防を境にして、川が流れている側。
- **堤内地**（川裏）：堤防を境にして、住居や農地がある側。
- **天端**：堤防の一番高い部分。
- **小段**（表／裏）：堤防が高くなると法長（斜面の上下方向の長さ）が長くなるので、法面の安定性を保つために設ける水平な部分。
- **法面**（表／裏）：堤防の斜面部。

⬤ 河川堤防の施工

▣ 堤防の余盛

堤防の盛土は、堤防完成後の築堤地盤の<u>**圧密沈下**</u>と堤体自体の収縮を考慮して、計画堤防高に<u>余盛を加えた</u>施工断面で施工する。

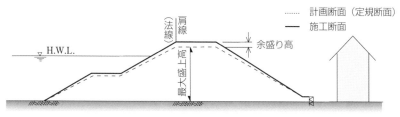

● 堤防の余盛

🔲 堤防の拡張工事

　堤防の拡築工事などで堤防に**腹付け盛土**を行う場合は、新旧法面をなじませるために、転圧厚の倍数で50～60cm程度の高さの段切りを行うことが多い。

　段切り面には施工中の排水を考慮して2～5%の外向きの勾配を設ける。

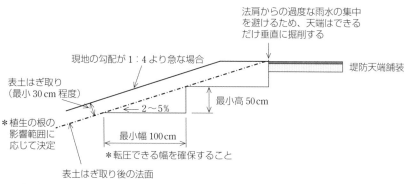

法肩からの過度な雨水の集中を避けるため、天端はできるだけ垂直に掘削する

現地の勾配が1：4より急な場合

堤防天端舗装

表土はぎ取り（最小30cm程度）

最小高50cm

＊植生の根の影響範囲に応じて決定

2～5%

最小幅100cm

＊転圧できる幅を確保すること

表土はぎ取り後の法面

● 堤防の拡張工事

🔲 法面の整形、締固め

　法面の整形を**ブルドーザ**で行うときは、法勾配が2割以上の緩勾配で法長が3m以上必要である。また施工上、天端、小段、及び法尻にブルドーザの全長（5m程度）以上の幅は必要である。

　法面表層部が盛土全体の締固めに比べて不十分であると、豪雨などで法面崩壊を招くことが多い。この種の崩壊を防ぐため、法面は可能な限り機械を使用して十分に締固めなければならない。

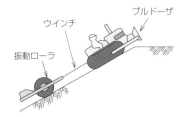
振動ローラによる締固め

ブルドーザによる締固め

- 機械を使用した締固め

◘ 施工中の法面浸食対策

　施工中は、降雨による**法面浸食**に注意しなければならない。降雨時、法面の一部に水が集中して流下すると法面浸食の主原因にもなるため、適当な間隔で**仮排水溝**を設けて降雨を流下させる。

　排水対策として、一般に多く採用されている工法としては下図のように、降水の集中を防ぐための<u>堤体横断方向に3～5％程度の勾配</u>を設けながら施工する。

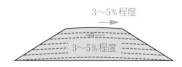
3～5％程度

3～5％程度

- 法面浸食を防ぐための排水対策

◘ 盛土の締固め

［締固め管理］　締固め管理は、<u>乾燥密度で規定する方法</u>が最も一般的である。また、<u>築堤を礫で盛土する場合</u>の締固め管理は、**工法規定方式**が有効である。

［土の密度試験方法］　堤防の締固め管理は、作業が簡便で土の密度測定結果が現場地点で<u>直ちに判定できる</u>、**RI計器**を用いた**密度試験方法**を用いることが多い。

［ブルドーザによる締固め］　ブルドーザによる締固めの場合、盛土の品質が粗にならないように十分に注意して施工する。また、盛土材料によっては<u>敷均し厚さを少なくして締固め効果の向上を図る</u>などの配慮が必要である。<u>堤防法線に平行に行うことが望ましく</u>、<u>締固め幅が重複して施工</u>されるように常に留意する必要がある。

選択問題

［タイヤローラによる締固め］　タイヤローラによる締固めの場合、タイヤの接地圧は<u>載荷重及び空気圧</u>により変化させることができる。一般に砕石などの締固めでは<u>接地圧を高く</u>して、粘性土の締固めでは<u>接地圧を低く</u>して使用する。

［振動ローラによる締固め］　振動ローラは一般に、<u>粘性に乏しい砂礫や砂質土の締固めに効果がある</u>とされている。ただし岩塊や岩片が混入した土、粒子が揃っている砂などでは、<u>ローラがスリップする</u>ことにより走行不能に陥りやすいので留意する必要がある。

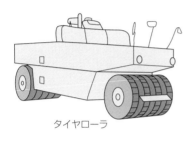 

タイヤローラ　　　　　　　　　　　　　　　　振動ローラ

● タイヤローラと振動ローラ

［振動コンパクタ・タンパによる締固め］　振動コンパクタやタンパは、他の機械では<u>施工が困難な箇所（たとえば構造物の周辺、盛土の法肩や法面）及び小規模の締固め</u>などに使用される。

● 河川堤防に用いる材料

　一般に、河川堤防に用いる堤体材料は、以下に示すような条件を満たしているものが望ましい。

- 高い密度を得られる**粒度分布**で、かつ、<u>せん断強度が大</u>で、すべりに対する安定性があること。
- できるだけ**不透水性**であること（河川水の浸透による浸潤面が裏法尻まで達しない程度の透水性が望ましい）。
- 堤体の安定に支障を及ぼすような<u>圧縮変形や膨張性</u>がないものであること。
- 施工性がよく、特に<u>締固めが容易</u>であること。
- 浸水、乾燥などの**環境変化**に対して、法すべりや亀裂などが生じにくく、

安定していること。

- 有害な成分を含まないこと。

2　河川護岸

▶ 河川護岸の種類

　河川護岸は、堤防及び河岸を洪水時の浸食に対して保護することを主たる
目的として設置され、その構造は、**法覆工、基礎工、根固工**からなる。

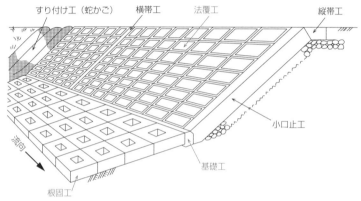

　● 護岸の構成

◘ 用語の解説

［法覆工］　流水、流木などに対して安全となるよう堤防及び河岸法面を保
護するための構造物。

［基礎工］　法覆工の法尻部に設置し、法覆工を支持するための構造物。

［根固工］　流水による急激な河床洗掘を緩和し、基礎工の沈下や法面からの土
砂の吸出しなどを防止するため、低水護岸及び堤防護岸の基礎工前面に設置さ
れる構造物。

［天端保護工］　低水護岸の上端部と背後地とのすり付けをよくし、かつ低
水護岸が流水により裏側から破壊しないよう保護する構造物。

［縦帯工］　護岸の法肩部に設置し、法肩部の施工を容易にするとともに護
岸の法肩部の損壊を防ぐ構造物。

［横帯工］ 法覆工の延長方向の一定区間ごとに設け、護岸の変位・損壊が他に波及しないように絶縁する構造物。法勾配が1:1より急な場合は隔壁工と呼ぶ。

［小口止め工］ 法覆工の上下流端に施工して、護岸を保護する構造物。

［すり付け工］ 護岸の上下流に施工して、河岸または他の施設とのすり付けをよくするための護岸。

［裏込め材］ 護岸に残留水圧が作用しないように法覆工の裏側に設置される材料。原則として、積み護岸や擁壁護岸には設置する。

［覆土工］ 河川環境保全機能を期待し、護岸を発生土砂などの覆土材で覆う工法。施工時に植生するか、植生が石面に自然に繁茂することを期待するのが一般的。

◘ コンクリートブロック積の法覆工

一般的によく用いられているコンクリートブロックの場合、下図のように法面に裏込め材とコンクリートブロックを積む構造となっている。

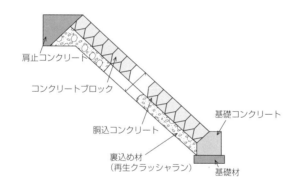

● 法覆工（コンクリートブロックの例）

◘ 多自然型護岸

かごマット護岸は、屈とう性、空隙があるため、生物に対して優しい多自然型護岸である。また、覆土をすることによって植生の復元も期待できる。

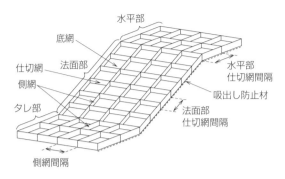

● かごマット護岸の構造

　かごマット表面の覆土は、現場発生土を利用して植生が繁茂する厚さを確保し、敷き均した後に法面保護のため張芝工などの処理を行う。

　練石張工法では、目地は深目地として多孔質な空間を作ることにより植物繁茂の効果が期待できる。

　空石張工法では、安定性を検証のうえ、石相互のかみ合わせを十分に行う。胴込め材として砕石などを詰め、掃流力に耐えられる粒径とする。

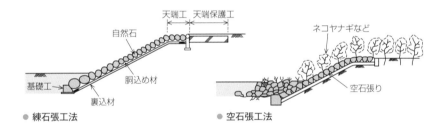

● 練石張工法　　　　　　　● 空石張工法

▶ 河川護岸の基礎

　基礎工天端高は、洪水時に洗掘が生じても護岸基礎の浮き上がりが生じないように、過去の実績などを利用して最深河床高を評価して設置する。

[根固工の目的]　根固工は、護岸基礎前面の局所的な洗掘防止を目的として設置するものであり、基本的には根固工を設置すれば根入れを小さくしてよいというものではない。また、河床が固定化されてしまうため、以下の場合にのみ設置するものとする。

・護岸に必要な根入れを確保したうえで、部分的に河床洗掘のおそれがある

場合（河床洗掘が上下流に広がっていくおそれのある場合）。

- 河床幅が小さく、必要な根入れを確保すると両岸の法先が引っ付いてしまうような場合。
- 施工上、護岸に必要な根入れを確保することが困難な場合。

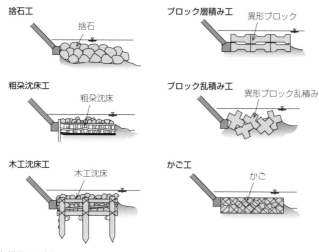

- 代表的な根固工の例

▶ 河川護岸の施工

［法覆工の施工］ 法覆工は堤防及び河岸を保護する構造物であり、護岸構造の主要な部分である。表面はなるべく粗く仕上げ、水流の抵抗を大きくすることにより流速を弱めて洗掘の程度を軽減する。

法覆工は、堤体の変形にある程度追従できる構造が望ましい。また、局部的な破壊が直ちに全体に影響を及ぼさないように、堤防の縦断方向に10〜20m間隔で構造目地を設ける。

［根固工の施工］ 根固工は、流速を減じるとともに急激な洗掘を緩和する目的で設けることから、河床変化に追随できる根固ブロック、沈床、捨石工など屈とう性のある構造とする。護岸基礎と構造上絶縁するようにし、接続部に間隙が生じる場合は間詰めを施す必要がある。

根固ブロックには、異形コンクリートブロックが多く用いられており、ブロックの積み方は層積みと乱積の2種類がある。根固ブロックを連結する

場合は、据付け完了後、連結用ナットが抜けないようにボルトのネジ山を潰しておく。

［すり付け工の施工］　すり付け工は、護岸上下流で浸食が発生した際に、浸食の影響を吸収して護岸が上下流から破壊されることを防止するものである。また、すり付け工は粗度が大きく、流速が緩和されることから下流河岸の浸食を発生しにくくする機能もある。

　すり付け工の構造は、上記目的から屈とう性があり、ある程度粗度の大きな工種を用いるのがよい。

［水抜きの設置］　掘込み河道など、残留水圧が大きくなるような場所では、必要に応じて水抜きを設置する。

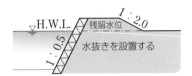

築堤河道の場合　　　　　　　　　　　　掘込み河道の場合

● 水抜きの構造

過去問チャレンジ（章末問題）

➡ 1 河川堤防

問1 河川堤防の名称　H30-後 No.15

河川に関する次の記述のうち、適当でないものはどれか。

(1) 河川の流水がある側を堤外地、堤防で守られる側を堤内地という。

(2) 河川において、下流から上流を見て右側を右岸、左側を左岸という。

(3) 堤防の法面は、河川の流水がある側を表法面、その反対側を裏法面という。

(4) 河川堤防の断面で一番高い平らな部分を天端という。

解説　河川において、上流から下流を見て右側を右岸、左側を左岸という。
解答　(2)

➡ 1 河川堤防

問2 河川堤防の施工　H26-No.15

河川堤防の施工に関する次の記述のうち、適当でないものはどれか。

(1) 築堤した堤防の法面保護は、一般に草類の自然繁茂により行う。

(2) 腹付けは、旧堤防との接合を高めるために階段状に段切りを行う。

(3) 堤防の基礎地盤が軟弱な場合は、地盤改良などの対策を行う。

(4) 堤防の拡幅の腹付けは、安定している旧堤防の裏法面に行う。

解説　築堤した堤防の法面保護は、一般に芝などによって行う。芝には張芝、種子吹き付けなどがある。
解答　(1)

➡ 1 河川堤防

問3 河川堤防の施工　R1-後 No.15

河川堤防の施工に関する次の記述のうち、適当でないものはどれか。

(1) 堤防の法面は、可能な限り機械を使用して十分締め固める。

(2) 引堤工事を行った場合の旧堤防は、新堤防の完成後、直ちに撤去する。

(3) 堤防の施工中は、堤体への雨水の滞水や浸透が生じないよう堤体横断面方向に勾配を設ける。

(4) 堤防の腹付け工事では、旧堤防との接合を高めるため階段状に段切りを行う。

> **解説** 引堤工事を行った場合の旧堤防は、新堤防の完成後、<u>新堤防が安定するまで撤去しない</u>。新旧の堤防を併存させることとする。　　　**解答** (2)

問4　**河川堤防の施工**　H24-No.15　　　　　　　➡1 河川堤防

河川堤防の施工に関する次の記述のうち、<u>適当でないもの</u>はどれか。

(1) 堤体盛土の締固め中は、盛土内に雨水の滞水や浸透などが生じないように表面に3〜5%程度の横断勾配を設けて施工する。

(2) 既設堤防に腹付けを行う場合は、新旧の法面をなじませるため、階段状に段切りを行って施工する。

(3) 浚渫工事による土を築堤などに利用する場合は、高水敷などに仮置きし、水切りなど十分行った後運搬して締め固める。

(4) 既設堤防に腹付けして堤防断面を大きくする場合は、1層の締固め後の仕上り厚さを50cmで施工する。

> **解説** 既設堤防に腹付けして堤防断面を大きくする場合は、1層の締固め後の仕上り厚さを<u>30cm以下</u>となるように施工する。　　　**解答** (4)

---

point **ワンポイントアドバイス**

段切りの最小高
設問の「50cm」は、腹付け盛土を行う場合の段切りの最小高である。この新旧の法面をなじませるために行う段切りは、最小高50cm程度とし、水平部は2〜3%で外向きの勾配を設ける。

問5 **河川堤防に用いる材料** H27-No.15　　　　　➡1河川堤防

　河川堤防に用いる土質材料に関する次の記述のうち、**適当でないもの**はどれか。

(1)　堤体の安定に支障を及ぼすような圧縮変形や膨張性がないものであること。

(2)　できるだけ透水性があること。

(3)　有害な有機物及び水に溶解する成分を含まないこと。

(4)　施工性がよく、特に締固めが容易であること。

> **解説**　河川堤防では耐水性が重要であり、<u>不透水性</u>の築堤材料用いる。
>
> 解答　(2)

問6 **河川護岸の名称** H29-後No.16　　　　　➡2河川護岸

　河川護岸に関する次の記述のうち、**適当なもの**はどれか。

(1)　横帯工は、護岸の法肩部に設けられるもので法肩の施工を容易にし、法肩部の破損を防ぐものである。

(2)　高水護岸は、複断面の河川において高水時に堤防の表法面を保護するものである。

(3)　低水護岸は、単断面河道などで堤防と低水河岸を一体として保護するものである。

(4)　縦帯工は、河川の流水方向の一定区間ごとに設けられ、護岸の破損が他の箇所に波及しないよう絶縁する役割を有する。

> **解説**　横帯工は、河川の流水方向へ一定区間ごとに設けられ、一部で発生した護岸の破損が他の箇所に及ぶことがないよう<u>絶縁する役割</u>を有するものである。
> 低水護岸は、低水路へ新たにコンクリートブロックなどによる護岸を施すもので、<u>堤防とは一体としない</u>。
> 縦帯工は、護岸の法肩部に設けられるもので法肩の施工を容易にし、<u>法肩部の破損を防ぐものである</u>。
>
> 解答　(2)

河川護岸に関する次の記述のうち、適当でないものはどれか。

(1)　間知ブロックを法覆工として使用する箇所は、法勾配が急な場所である。

(2)　コンクリート法枠工は、法勾配が急な場所では施工が難しい。

(3)　石材を用いた護岸の施工方法としては、法勾配が急な場合は石張工、緩い場合は石積工を用いる。

(4)　かご系護岸は、屈とう性があり、かつ、空隙があり、覆土による植生の復元も早い。

> 解説　石材を用いた護岸の施工方法としては、法勾配が急な場合は石積工、緩い場合は石張工を用いる。
> 解答　(3)

河川護岸の基礎工に関する下記の文章の　　　　　　に当てはまる次の語句の組合せのうち、適当なものはどれか。

基礎工は、法覆工を支える基礎であり、　(イ)　に対する保護や裏込め土砂の流出を防ぐものである。根固工は、大きな流速の作用する場所に設置されるため、河床変化に追随できる　(ロ)　のある構造とする。

基礎工や根固工の　(ハ)　の深さは、高水時の河床の　(イ)　に対して十分安全なものでなければならない。

	（イ）	（ロ）	（ハ）
(1)	堆積	剛性	根入れ
(2)	堆積	屈とう性	掘削
(3)	洗掘	剛性	掘削
(4)	洗掘	屈とう性	根入れ

解説 重要なポイントを書き出しておく。

「基礎工は ┃ (イ) 洗掘 ┃に対する保護や裏込めの土砂の流出を防ぐものである。」

「根固工は、河床変化に追随できる ┃ (ロ) 屈とう性 ┃のある構造とする。」

「基礎工や根固工の ┃ (ハ) 根入れ ┃の深さは、河床の ┃ (イ) 洗掘 ┃に対して十分安全なものでなければならない。」 解答 (4)

問9 河川護岸の施工 H22-No.16 ➡ 2 河川護岸

　一般的な河川護岸の施工に関する次の記述のうち、適当でないものはどれか。

(1) 護岸は、水制などの構造物や高水敷と一体となって堤防を保護するために施工する。

(2) 低水護岸基礎工の天端の高さは、一般に急流河川においては現況河床高さより高く施工する。

(3) 水際部の低水護岸は、十分に自然環境を考慮した構造とすることを基本に設計し施工する。

(4) 護岸すり付け工は、屈とう性と適度の粗度を持つ構造で施工する。

解説 低水護岸基礎工の天端の高さは、一般に急流河川においては現況河床高さか、現況河床高さより低く施工する。 解答 (2)

第**3**章 砂防

1 砂防えん堤

出題頻度 ★★★

▶ 砂防えん堤の構造

■ 砂防えん堤の役割

砂防えん堤は、**本えん堤**、**水叩き（側壁）**、**副えん堤**から構成されており、その役割には、山脚固定、縦侵食防止、河床堆積物流出防止、土石流の抑制または抑止、流出土砂の抑制及び調節などが挙げられる。

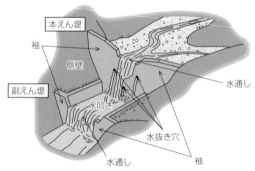

● 不透過型コンクリート砂防えん堤

■ 砂防えん堤の分類

砂防えん堤の形式は**透過型**と**不透過型**に分けられ、使用する材料により種類には<u>コンクリート砂防えん堤</u>と<u>鋼製砂防えん堤</u>に分けられる。特に鋼製えん堤は、近年さまざまな構造のものが開発されており、採用にあたっては最新情報を収集する必要がある。上図の砂防えん堤は「不透過型コンクリート砂防えん堤」で、これが本試験で最も多く出題される標準的なタイプの砂防えん堤である。

<u>透過型</u>コンクリート砂防えん堤（コンクリートスリット砂防えん堤）は、原則として<u>土石流・流木対策には用いない</u>こととされている。

<u>不透過型</u>砂防えん堤には<u>重力式コンクリートえん堤</u>のほか、搬出土砂の減少や資源循環型社会への寄与などを目的とした現地発生材を活用するタイプのえん堤がある。採用にあたっては、計画地周辺で採取できる現地発生土砂などの把握を行い、現地発生材活用の可能性を検討する必要がある。

◙ 砂防えん堤の構造

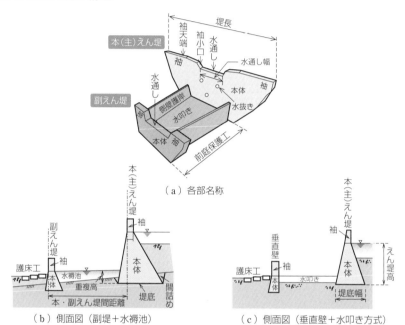

（a）各部名称

（b）側面図（副堤＋水褥池）

（c）側面図（垂直壁＋水叩き方式）

● 重力式コンクリートえん堤の構造

［本えん堤］ 　下流側法勾配は1：0.2を標準とし、天端幅は2.0m以上とする。

［水通し］ 　水通しの位置は、原則として<u>現河床の中央</u>に設置する。

［前庭保護工］ 　前庭保護工は、副えん堤及び水褥地による減勢工、水叩き、側壁護岸からなる。

［副えん堤］ 　水褥地の減勢工として用いる。副えん堤を設けない場合は、水叩き下流端に垂直壁を設ける。

［水叩き］ 　えん堤下流の河床の洗掘を防止し、えん堤基礎の安定、両岸の崩壊を防止する。

［側壁工］ 　水通しから落下する流水で発生のおそれがある側方浸食を防止

する。

砂防えん堤の施工

［重力式コンクリートえん堤の施工順序］　水叩き及び副えん堤を備える砂防え
ん堤の施工順序は、一般的に下記となる。

「**B**本えん堤基礎部」→「**D**副えん堤（垂直壁）」→
「**C**側壁護岸」＋「**E**水叩き」→「**A**本えん堤上部」

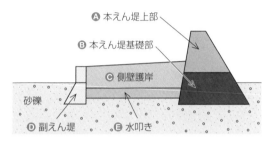

● 重力式コンクリートえん堤の施工順序

［水叩きコンクリートの施工］　水叩きコンクリートは、原則として鉛直打継
目とする。洪水時に落下水などの衝撃によって分離し、破壊の原因となる水
平打継目を作らないようにする。

［コンクリートの打込み］　コンクリートの打込みの1リフトの高さは、コン
クリートの硬化熱やひび割れ、水平打継目処理などを考慮して0.75〜2.0 m
程度を標準とする。着岩部や長期材齢のコンクリートに打ち継ぐ場合、リフ
ト高は1/2程度が望ましい。

［作業の中断］　1ブロック内のコンクリート作業が天候の激変などで中断す
る場合には、継手型枠を設けるなどの処置をし、傾斜した打継目を作らない
ようにする。

砂防えん堤の基礎

［砂防えん堤の基礎地盤］　砂防えん堤の基礎地盤は、安全性などから原則と

して岩盤とする。やむを得ず砂礫基礎とする場合は、可能な限り堤高を15m未満に抑えるとともに均一な地層を選定する。堤高が15m以上の場合は、硬岩基礎の場合であっても副えん堤を設置して前庭部を保護するのが一般である。砂礫基礎の場合は、水叩きと副えん堤を併設し保護する場合がある。

[基礎の根入れ] えん堤基礎の根入れ深さは、岩盤の場合は1.0m以上、砂礫の場合は2.0m以上とする。

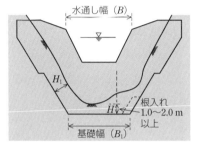

● 基礎及び袖部の根入れ

[コンクリートプラグ工法] 岩盤基礎の一部に弱層、風化層、断層などの軟弱部を挟む場合は、コンクリートプラグ工法を用いて軟弱部を取り除きコンクリートで置き換えることにより補強するのが一般的である。

2 砂防施設

出題頻度 ★☆☆

▶ 渓流保全工

[渓流保全工の目的] 渓流保全工は、一般に床固工と護岸工を併用（流路工）して計画するもので、主な目的は次の通りである。

- 流路の縦断規正：縦断勾配の緩和による縦横侵食の防止、天井川の解消
- 流路の平面規正：扇状地の乱流防止、流水断面の確保、特殊な地質の地域における崩壊防止

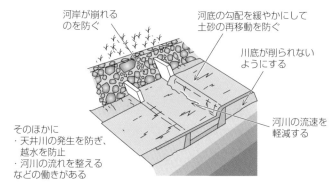

河岸が崩れる
のを防ぐ

河底の勾配を緩やかにして
土砂の再移動を防ぐ

川底が削られない
ようにする

そのほかに
・天井川の発生を防ぎ、
　越水を防止
・河川の流れを整える
などの働きがある

河川の流速を
軽減する

● 渓流保全工

［渓流保全工の施工］ 渓流保全工の施工は床固工、帯工、護岸工及び水制工を合わせて<u>上流より下流に向かって進めることを原則</u>とする。

　帯工は、河床の変動を抑制し固定するためのもので、高さは渓床変動幅に多少の余裕高を加えたものとし、天端高は計画河床高と同一の高さとして<u>落差工を設けない</u>。

［床固工の施工］ 床固工は、一般に水叩き工法による<u>重力式コンクリート型式</u>で施工するが、地すべり地や軟弱地盤などの場合には、枠床固工、ブロック工法による床固工、鋼製床固工などで施工する。

　床固工は、その下流に原則としてウォータークッションを設けないので、床固工の<u>落差は5mを限度</u>として、計画河床勾配及び床固工の設置間隔を決めなければならない。

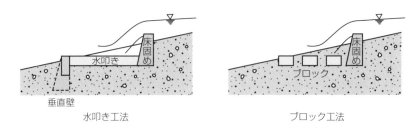

床固め
水叩き
垂直壁

水叩き工法

床固め
ブロック

ブロック工法

● 床固工の施工

［床固工施工上の留意点］ 床固工の下流の法先は、越流水流によって深掘され、渓床が低下する場合が多いので、<u>床固工の根入れを十分取るか</u>、ブロックなどによる護床工・減勢工を施工する。縦侵食を防止し、渓床を安定させる

目的で設置区間を長くする場合には、床固工を階段状に設け、その高さは一般に5m以下となるようにする。

　渓流の屈曲部下流などに設ける床固工は、水流の方向を修正して、曲流による洗掘を防止・緩和する目的で計画される。

　床固工の方向は、原則としてその計画箇所下流の流心線に直角とする。

　床固工が工作物の基礎を保護する目的の場合には、これら工作物の下流部に施工するのがよい。

3　地すべり防止工

出題頻度 ★★★

▶ 地すべり防止工の構造

　地すべり防止工は、大別して**抑制工**と**抑止工**に二分される。

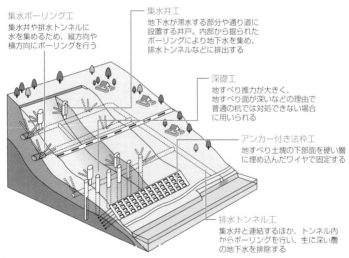

集水ボーリング工
集水井や排水トンネルに水を集めるため、縦方向や横方向にボーリングを行う

集水井工
地下水が滞水する部分や通り道に設置する井戸。内部から掘られたボーリングにより地下水を集め、排水トンネルなどに排出する

深礎工
地すべり推力が大きく、地すべり面が深いなどの理由で普通の杭では対処できない場合に用いられる

アンカー付き法枠工
地すべり土塊の下部面を硬い層に埋め込んだワイヤで固定する

排水トンネル工
集水井と連結するほか、トンネル内からボーリングを行い、主に深い層の地下水を排除する

● 地すべり防止対策

▶ 抑制工の特徴

抑制工とは、地形、地下水状態などの自然条件を変化させて地すべり活動
を停止または緩和させる工法である。

```
        ┌ 地表水排除工（水路工、浸透防止工）
        │ 地下水排除工
        │ ├ 浅層地下水排除工（暗渠工、明暗渠工、横ボーリング工）
        │ └ 深層地下水排除工（集水井工、排水トンネル工、横ボーリング工）
抑制工 ─┤                 しゅうすいせい
        │ 地下水遮断工（薬液注入工、地下遮水壁工）
        │ 排土工
        │ 押え盛土工
        └ 河川構造物（えん堤工、床固工、水制工、護岸工）
```

▶ 抑止工の特徴

抑止工とは、構造物を設けることによって構造物の持つ地すべり抑止力を
利用して地すべりの活動の一部または全部を停止させる工法である。

```
        ┌ 抑止工、杭工（鋼管工など）
抑止工 ─┤ シャフト工（深礎工など）
        └ アンカー工
```

問1 砂防えん堤の構造 R1-後No.17 　　　　　　　➡1 砂防えん堤

砂防えん堤に関する次の記述のうち、適当でないものはどれか。

(1) 本えん堤の袖は、土石などの流下による衝撃に対して強固な構造とする。

(2) 水通しは、施工中の流水の切換えや本えん堤にかかる水圧を軽減させる構造とする。

(3) 副えん堤は、本えん堤の基礎地盤の洗掘及び下流河床低下の防止のために設ける。

(4) 水叩きは、本えん堤を落下した流水による洗掘を防止するために設ける。

> **解説** 水抜きは、施工中の流水の切換えや本えん堤にかかる水圧を軽減させる構造とする。水通しは、えん堤上流からの水を越流させるために堤体に設置される。　　　　　　　　　　　　　　　　　　　　　　　　解答 (2)

問2 砂防えん堤の構造 H26-No.17 　　　　　　　➡1 砂防えん堤

砂防えん堤に関する次の記述のうち、適当なものはどれか。

(1) 砂防えん堤は、洪水の防止や調節などを主な目的とした高さ15m未満の構造物である。

(2) ウォータークッションは、落下する水のエネルギーを拡散・減勢させるために、本えん堤と副えん堤との間にできる水を湛えたプールをいう。

(3) 砂礫層上に施工する砂防えん堤の施工順序は、側壁護岸、副えん堤を施工し、最後に本えん堤と水叩きを同時に施工する。

(4) 堤体下流の法勾配は、越流土砂による損傷を受けないようにするために、一般に1：2より緩やかにする必要がある。

解説 砂防えん堤は、<u>土砂生産抑制</u>や<u>土砂流送制御</u>などを主な目的とした高さ<u>15m未満</u>の構造物である。

砂礫層上に施工する砂防えん堤の施工順序は、<u>本えん堤基礎部、副えん堤、側壁護岸、水叩き</u>である。

堤体下流の法勾配は、越流土砂による損傷を受けないようにするために、一般に<u>1：0.2</u>を標準とする。 　　　　　　解答 （2）

問3 **砂防えん堤の施工** H30-後No.17 　　　➡1砂防えん堤

下図に示す砂防えん堤を砂礫の堆積層上に施工する場合の一般的な順序として、次のうち<u>適当なもの</u>はどれか。

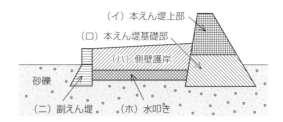

（イ）本えん堤上部
（ロ）本えん堤基礎部
（ハ）側壁護岸
砂礫
（ニ）副えん堤　（ホ）水叩き

(1) ロ→イ→ハ・ホ→ニ

(2) ニ→ロ→イ→ハ・ホ

(3) ロ→ニ→ハ・ホ→イ

(4) ニ→ロ→ハ・ホ→イ

解説 一般的な施工順序は、ロ（本えん堤基礎部）→ニ（副えん堤）→ハ・ホ（側壁護岸・水叩き）→イ（本えん堤上部）で行う。 　　　　解答 （3）

問4 **砂防えん堤の基礎** H30-前No.17 　　　➡1砂防えん堤

砂防えん堤に関する次の記述のうち、<u>適当でないもの</u>はどれか。

(1) 本えん堤の基礎の根入れは、岩盤では0.5m以上で行う。

(2) 砂防えん堤は、強固な岩盤に施工することが望ましい。

(3) 本えん堤下流の法勾配は、越流土砂による損傷を避けるため一般に 1 : 0.2 程度としている。

(4) 砂防えん堤は、渓流から流出する砂礫の捕捉や調節などを目的とした構造物である。

> **解説** 本えん堤の基礎の根入れは、砂礫の場合2.0m以上、岩盤では<u>1.0m以上</u>で行う。　　　　　　　　　　　　　　　　　　　　　　　解答 (1)

問5　渓流保全工　H19-No.18　　　　　　　➡ 2 砂防施設

渓流保全工の床固工として、最も多く採用されているものは次のうちどれか。

(1) 蛇かご床固工

(2) コンクリート床固工

(3) 鋼製床固工

(4) 枠床固工

> **解説** 床固工では一般に<u>コンクリート</u>が多く、他の形式は特殊な地盤条件の場所に採用される。　　　　　　　　　　　　　　　　　　　　解答 (2)

問6　地すべり防止工の機能　R1-後No.18　　　　➡ 3 地すべり防止工

地すべり防止工に関する次の記述のうち、<u>適当でないもの</u>はどれか。

(1) 地すべり防止工では、抑制工、抑止工の順に実施し、抑止工だけの施工を避けるのが一般的である。

(2) 抑制工としては、水路工、横ボーリング工、集水井工などがあり、抑止工としては、杭工やシャフト工などがある。

(3) 横ボーリング工とは、帯水層に向けてボーリングを行い、地下水を排除する工法である。

(4) 水路工とは、地表面の水を速やかに水路に集め、地すべり地内に浸透させる工法である。

解説 水路工とは、地すべり区域内の降水や地表面の水を速やかに水路に
集め、地すべり区域外に排除する工法である。 解答 (4)

point **ワンポイントアドバイス**

抑制工と抑止工
地すべり防止工の施工において抑止工を先に行わないのは、地すべり活動が活発に継
続している場合、抑制工を行わないで安全に施工するのが困難になるからである。一
般的には抑制工で地すべり活動を緩和・停止させてから抑止工を導入する。

問7 **地すべり防止工の特徴** **H29-前 No.18** ➡ 3 地すべり防止工

地すべり防止工に関する次の記述のうち、**適当なもの**はどれか。

(1) 水路工は、地表面の水を速やかに水路に集め、地すべり区域外に排除す
る工法である。

(2) 抑止工は、地すべりの地形や地下水の状態などの自然条件を変化させる
ことにより、地すべり運動を緩和させる工法である。

(3) 抑制工は、杭などの構造物を設けることにより、地すべり運動の一部ま
たは全部を停止させる工法である。

(4) 排土工は、地すべり脚部に存在する不安定な土塊を排除し、地すべりの
滑動力を減少させる工法である。

解説 抑制工は、地すべりの地形や地下水の状態などの自然条件を変化さ
せることにより、地すべり運動を緩和させる工法である。
抑止工は、杭などの構造物を設けることにより、地すべり運動の一部また
は全部を停止させる工法である。
排土工は、地すべり頭部に存在する不安定な土塊を排除し、地すべりの滑
動力を減少させる工法である。 解答 (1)

第4章 道路・舗装

選択 問題

1 アスファルト舗装の路床・路体

出題頻度 ★★☆

● 路床・路体

アスファルト舗装の標準的な構成は下図であり、そのうち**路床**、**路体**について解説する。

[路体] 路体は、盛土における路床下部の土の部分を指し、舗装、路床を支持する機能がある。

[路床] 路床は、舗装を支持し構造計算に用いる層全体を指す。そのうち、**構築路床**は、現地盤を改良して改築された層で、その改良厚さは最大1mとしている。

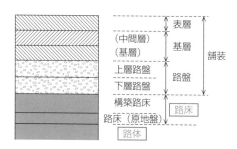

● アスファルト舗装の標準的な構成

● 路体の施工

[盛土材料] 盛土材料は、圧縮性が小さく締固め後の**せん断強度**が大きく、吸水による**膨張性**が低い良質土であることが望ましい。破砕岩、岩塊、玉石などが多く混じった土砂などは、敷均し締固めは困難であるが、盛土として仕上がった場合は安定性が高い。

良質土が望めない場合は、**安定処理工法**や**補強工法**を採用する。

［ 盛土の締固め ］　盛土路体の締固めは、一般に1層の締固め後の<u>仕上り厚さ</u><u>を30cm以下</u>としており、<u>敷均し厚さは35〜45cm程度</u>となる。

● 路床の施工

［ 施工方法の考え方 ］　路床の施工方法には、切土、盛土のほか、既設路床が軟弱な場合は<u>安定処理工法</u>や<u>置換え工法</u>を用いる。いずれも所要の<u>CBR</u>、<u>計画高さ、良質土の有無、残土処分地の確保</u>などを考慮し選定する。

　盛土、切土の路床改良例を図で示す。<u>改良幅の考え方</u>が変わる（盛土の方が改良幅は広くなる）ので注意が必要である。

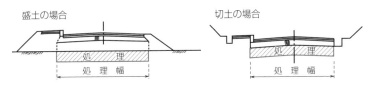

　盛土の場合　　　　　　　　　　　切土の場合

　処　理　　　　　　　　　　　　　処　理

　処　理　幅　　　　　　　　　　　処　理　幅

● 盛土と切土の路床改良例

［ 盛土の締固め ］　路床の場合、締固めは<u>仕上がり厚さを20cm以下</u>とし、<u>敷均し厚さは25〜35cm程度</u>となる。

● 安定処理工法

　安定処理材を散布した後、混合機械を用いて所定の深さまで<u>現状路床土と混合</u>する。安定処理材に**粉状の生石灰**（粒径0〜5mm）を使用する場合は1回の混合とするが、**粒状の生石灰**を用いた場合は、<u>1回目の混合後に仮転圧して生石灰の消化を待ってから再度混合</u>する。

■ 一般的な施工機械

作業種別	機器名	規格
固化材散布	トラッククレーン	油圧式4.8〜4.9t吊
混合	スタビライザー	混合幅2m、自走式
敷均し	モータグレーダ	3.1m級
締固め	タイヤローラ	排出ガス対策型8〜20t

［ 施工後の観察・測定 ］　プルーフローリング試験には、<u>追加転圧とたわみ</u>

観測の目的がある。転圧機械と同等以上の締固め効果のあるタイヤローラで追加転圧し、最後の回でたわみを測定して不良箇所を確認する。

　不良と思われる箇所には必要に応じて**ベンケルマンビーム**によるたわみ量の測定を行う。

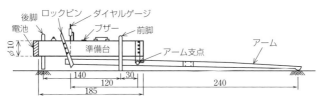

● ベンケルマンビームによるたわみ量の測定

［置換え深さと凍上抑制層］　寒冷地域の舗装では、凍結深さから求めた必要な置換え深さと舗装の厚さとを比較する。もし置換え深さが大きい場合は、路盤の下にその厚さの差だけ、凍上の生じにくい材料の層を設ける。この部分を**凍上抑制層**という。

2　アスファルト舗装の上層路盤・下層路盤 出題頻度 ★★

● 上層路盤・下層路盤

　ここではアスファルト舗装を構成する要素のうち、**上層路盤**、**下層路盤**について学習する。

［上層路盤］　上層路盤材料には、良好な骨材粒度に調整した**粒度調整砕石**、砕石にセメントや石灰を混合した**安定処理材料**を用いる。

［下層路盤］　下層路盤材料は、一般に施工現場近くで経済的に入手できる、クラッシャランなどの**粒状路盤材料**を用いる。

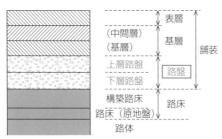

● アスファルトの標準的な構成

▶ 路盤の施工体制

［路盤の標準的な施工体制］

機械の重量を利用して静的圧力をかけて効果的に締固めを行う

トラクタの前面に可動式のブレード（排土板）を装着する。仕上げ精度に限界があり、粗均し作業の作業効率を上げるための補助の役割

ブルドーザ後、滑らかに整形

鉄輪で締固めを行う

進行方向

ダンプトラック　ブルドーザ　モータグレーダ　タイヤローラ　ロードローラ

● 一般的な路盤の施工体制

▶ 下層路盤の施工

下層路盤に用いられる工法は、以下の3種類である。

- セメント安定処理工法
- 石灰安定処理工法
- クラッシャラン、鉄鋼スラグ、砂利などを用いる**粒状路盤工法**

［**セメント安定処理工法**］　セメント安定処理工法や石灰安定処理工法を用いる場合は、**路上混合方式**により仕上り厚さは15～30cmを標準とする。

　セメント安定処理に用いる骨材の望ましい品質は、修正CBR10％以上、PI（塑性指数）9以下とされている。品質規格は、一軸圧縮強さ（7日）0.98MPaである。

［**石灰安定処理工法**］　石灰安定処理工法は、セメント安定処理工法に比べ強度発現が遅い。しかし、長期的には安定性、耐久性が期待できる工法である。

　石灰安定処理に用いる骨材の望ましい品質は、修正CBR10％以上、PI（塑性指数）6～18とされている。品質規格は、一軸圧縮強さ（7日）でアスファルトの場合は0.7MPa、コンクリートの場合は0.5MPaである。

［**粒状路盤工法**］　粒状路盤の品質規格は、修正CBR20％以上、PI（塑性指数）6以下である。鉄鋼スラグを用いる場合は、修正CBR30％以上、水浸膨張比1.5％以下とする。

▶ 上層路盤の施工

　上層路盤に用いられる工法は、以下の4種類である。

- セメント安定処理工法
- 石灰安定処理工法
- 瀝青安定処理工法
- 粒度調整工法

［セメント安定処理工法］　セメント安定処理は、セメントを骨材に添加して処理するもので、普通ポルトランドセメント、高炉セメントなどを使用する。セメント量が多くなると、収縮ひび割れにより上層のアスファルト層に**リフレクションクラック**が発生するので注意が必要である。

　セメント安定処理、石灰安定処理の1層の仕上り厚は、10〜20cmを標準としている。ただし、施工時に振動ローラを使用する場合は、1層の仕上り厚が30cm以下で所要の締固め度が確保できる厚さとすることができる。

［瀝青安定処理工法］　瀝青安定処理工法は、瀝青材料を骨材に添加して処理する方法であり、加熱アスファルト安定処理が一般的である。一般的な加熱アスファルト安定処理工法は、1層の仕上りを10cm以下とする。シャックリフト工法の場合は、施工厚が厚いことから混合物の温度が低下しにくく、締固め終了後早期に交通開放を行うとわだち掘れが発生しやすい。

［粒度調整工法］　粒度調整工法は、敷均しや締固めが容易になるように粒度調整した良好な骨材を用いる。骨材の75μmふるい通過量は、10%以下とする。ただし、水を含むと泥濘化することがあるので、締固めが可能な範囲でできるだけ少ない方がよい。

▶ プライムコート・タックコートの施工

［適用場所］　舗装施工時においては、路盤面処理には**プライムコート**、舗装面処理には**タックコート**を用いるものとする。

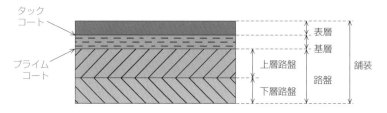

種類	材料	適用場所
プライムコート	アスファルト乳剤（PK-3）	路盤面
タックコート	アスファルト乳剤（PK-4）	アスファルト路盤面及びコンクリート面
	ゴム入りアスファルト乳剤（PKR-T）	排水性舗装用

※1 上層路盤面にアスファルト安定処理を用いた場合はタックコートを施工する。

※2 アスファルト舗装の各層を同一日に施工する場合（急速施工）であってもタックコートは施工する。

● プライムコートとタックコート

［プライムコートの目的］ プライムコートは、路盤面とその上に舗設するアスファルト混合物とのなじみをよくする。また、路盤仕上げ後からアスファルト混合物を舗設するまでの間、作業車による路盤の破損や降雨による洗掘また表面水の浸透防止、路盤からの水分の毛管上昇を遮断することもできる。

［タックコートの目的］ タックコートは、下層とその上に舗設するアスファルト混合物との付着をよくする。

3 アスファルト舗装の表層・基層 出題頻度 ★★

▶ 表層・基層

ここではアスファルト舗装を構成する要素のうち、表層、基層について学習する。

［表層］ 表層は、交通荷重を分散して下層に伝達する役割を担う。交通車両による流動、摩耗、ひび割れに抵抗し、平担ですべりにくく、一般的には、雨水が下部に浸透するのを防ぐ役割を担っている。

［基層］ 基層は、路盤の不陸を整正し、表層に加わる荷重を路盤に均一に伝達する役割を担う。基層を2層構造とする場合は、下の層を基層と呼び、上の層を中間層と呼ぶ。

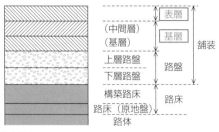

● アスファルトの標準的な構成

▶ 表層・基層の施工体制

［表層・基層の標準的な施工体制］

ダンプトラックで運搬されたアスファルト混合物を敷き均す。アスファルト混合物の敷均し厚さ、幅を調整しながら施工

初転圧を行う

二次転圧、仕上げ転圧を行う

駆動輪

進行方向

ダンプトラック　アスファルトフィニッシャ　ロードローラ　タイヤローラ

▶ アスファルト舗装の施工

◘ アスファルトの敷均し

　アスファルト混合物は通常、**アスファルトフィニッシャ**により敷均しを行う。敷均し時の混合物の温度は、一般に<u>110℃を下回らない</u>ようにする。アスファルトフィニッシャが使用できない場所では人力によって行う。

◘ アスファルトの締固め

［**ローラによる転圧**］　ローラによる転圧は、一般にアスファルトフィニッシャ側に駆動輪を向けて横断勾配の<u>低い方から高い方へ</u>向かい、幅寄せしながら低速、等速で行う。

［**初転圧**］　初転圧は、一般に10～12tの**タイヤローラ**で1往復（2回）程度

行い、初転圧温度は一般に110～140℃である。

高粘度改質アスファルトの場合は140～160℃で締め固める。また、中温化技術により施工性を改善した混合物を使用した場合は、従来よりも低い温度で締め固める。

［二次転圧］ 二次転圧は、一般に8～20tのタイヤローラまたは6～10tの**振動ローラ**で行う。二次転圧の終了温度は一般に70～90℃である。

［仕上げ転圧］ 仕上げ転圧は、締め固めた舗装表面の**不陸修正**、**ローラマークの消去**のため行うものであり、タイヤローラや**ロードローラ**（マカダムローラ）で2回（1往復）程度行うとよい。二次転圧に振動ローラを用いた場合には、仕上げ転圧にタイヤローラを用いることが望ましい。

■ 継目の施工

［継目の位置］ 継目の位置は、既設舗装の補修・拡幅の場合を除いて、下層の継目の上に上層の継目を重ねないようにする。

［縦継目］ 縦継目の施工は、レーキなどにより粗骨材を取り除いた混合物を既設舗装に5cm程度重ねて敷き均し、ローラ駆動輪を15cm程度かけて転圧する。

■ 交通開放

交通開放は、転圧後の舗装表面の温度が十分下がってから行う。転圧終了後の交通開放を急ぐ場合は、散水や舗装冷却機械などにより舗装表面の温度を強制的に下げるとよい。

4 アスファルト舗装の補修・維持 出題頻度★★★

▶ 補修工法の種類と特徴

アスファルト舗装の補修工法には、**構造的対策**を目的としたものと**機能的対策**を目的としたものがある。構造的対策は、主として全層に及ぶ修繕工法で、機能的対策は主として**表層の維持工法**である。機能的対策の中には、予防的維持あるいは応急的に行う修繕工法も含まれる。

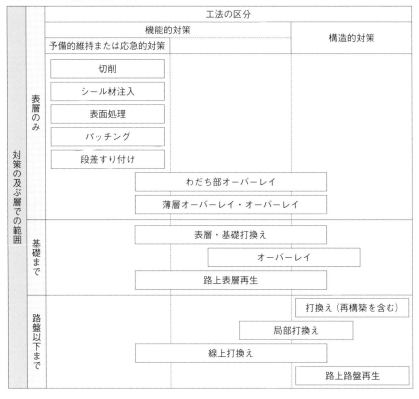

破損の種類と対策工法で整理すると下表のようになる。

■ 破損の種類と対策工法

舗装の種類	破損の種類	修繕工法の例
アスファルト舗装	ひび割れ	打換え工法、表層・基礎打換え工法、切削オーバーレイ工法、オーバーレイ工法、路上再生路盤工法
	わだち割れ	表層・基礎打換え工法、切削オーバーレイ工法、オーバーレイ工法、路上再生路盤工法
	平坦性の低下	
	すべり抵抗値の低下	表層打換え工法、切削オーバーレイ工法、オーバーレイ工法、路上再生路盤工法

▶ 補修工法の概要

[**打換え工法**] 打換え工法は、既設舗装の路盤もしくは路盤の一部までを打ち換える工法である。状況により路床の入れ換え、路床または路盤の安定

処理を行うこともある。

● 打換え工法

[局部打換え工法]　局部打換え工法は、既設舗装の破損が局部的に著しく、他の工法では補修できないと判断されたときに、表層、基層あるいは路盤から局部的に打ち換える工法である。

[線状打換え工法]　線状打換え工法は、線状に発生したひび割れに沿って舗装を打ち換える工法である。通常は、**加熱アスファルト混合物層**（瀝青安定処理層まで含める）のみを打ち換える。

[路上路盤再生工法]　路上路盤再生工法は、既設アスファルト混合物層を現位置で路上破砕混合機などによって破砕すると同時に、セメントやアスファルト乳剤などの添加材料を加え、破砕した既設路盤材とともに混合し、締め固めて安定処理した路盤を構築する工法である。

● 路上路盤再生工法

[表層・基層打換え工法]　表層・基層打換え工法は、線状に発生したひび割れに沿って既設舗装を表層または基層まで打ち換える工法である。なお、切削により既設アスファルト混合物層を搬去する工法を、**切削オーバーレイ工法**と呼ぶ。

● 表層・基層打換え工法

［オーバーレイ工法］ オーバーレイ工法は、既設舗装の上に厚さ<u>3cm以上</u>の加熱アスファルト混合物層を舗設する工法（3cm以下は薄層オーバーレイ工法と呼ぶ）である。

既設舗装　　　　　　　　新規舗装
　　　　　　　　　　　　オーバーレイ

● オーバーレイ工法

［わだち部オーバーレイ工法］ わだち部オーバーレイ工法は、既設舗装の<u>わだち掘れ部のみ</u>を加熱アスファルト混合物で舗設する工法である。

［切削工法］ 切削工法は、路面の<u>凸部</u>などを切削除去し不陸や段差を解消する工法である。

5 コンクリート舗装 ［出題頻度 ★★☆］

● コンクリート舗装の構造

アスファルト舗装との違いは、<u>表層、基層をコンクリート版</u>とすることである。中間層としてアスファルトを設ける場合もある。

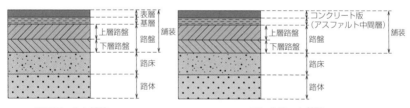

アスファルト舗装　　　　　　　　　　コンクリート舗装

● アスファルト舗装とコンクリート舗装の構造比較

コンクリート舗装の種類は、普通コンクリート版、連続鉄筋コンクリート版、転圧コンクリート版がある。

● コンクリート舗装の施工

［セットフォーム工法］ 普通コンクリート版、連続鉄筋コンクリート版を施工する場合に用いる工法で、あらかじめ設置した、型枠内にコンクリートを施工する。

［スリップフォーム工法］ 普通コンクリート版、連続鉄筋コンクリート版を施工する場合に用いる工法で、型枠を設置せずに専用のスリップフォームペーパを用いる。

［転圧工法］ 転圧コンクリート版を施工する場合に用いる工法で、アスファルトフィニッシャによって敷き均し、振動ローラなどによって締め固める。

［目地の施工］ 目地の施工には、コンクリート版の膨張、収縮、そりなどをある程度自由に発生させることで、作用する応力を軽減する目的がある。

過去問チャレンジ（章末問題）

問1 路床・路盤の施工　R1-前 No.19　→ 1アスファルト舗装の路床・路体

　道路の**アスファルト舗装**における路床、路盤の施工に関する次の記述のうち、**適当でないもの**はどれか。

(1)　盛土路床では、1層の敷均し厚さを仕上り厚さで40cm以下とする。

(2)　切土路床では、土中の木根、転石などを取り除く範囲を表面から30cm程度以内とする。

(3)　粒状路盤材料を使用した下層路盤では、1層の敷均し厚さを仕上り厚さで20cm以下とする。

(4)　路上混合方式の安定処理工を使用した下層路盤では、1層の仕上り厚さを15〜30cmとする。

> 解説　盛土路床では、層の敷均し厚さを仕上り厚さで20cm以下とする。
>
> 解答　(1)

point ワンポイントアドバイス

路床の施工方法
路床の施工方法には、盛土、切土、安定処理工法、置換え工法がある。盛土路床は現地盤に良質土を盛り上げて築造する工法である。

問2 路床施工　H20-No.19　→ 1アスファルト舗装の路床・路体

　道路の路床の施工に関する次の記述のうち、**適当でないもの**はどれか。

(1)　安定処理工法には、セメントや石灰などの安定材が用いられる。

(2)　路床を盛土する場合には、使用する盛土材の性質をよく把握したうえで、均一に敷き均し、締め固める。

(3)　安定処理を行う場合には、原則として中央プラントで混合する。

(4)　盛土の1層の敷均し厚さは、仕上り厚で20cm以下を目安とする。

解説　安定処理を行う場合には、一般に路上混合方式で行う。なお、中央プラントで混合して安定処理した材料を使用する場合もある。　　解答　(3)

問3　上層路盤の施工　H30-後No.19　➡2アスファルト舗装の上層路盤・下層路盤

　道路のアスファルト舗装における上層路盤の施工に関する次の記述のうち、適当でないものはどれか。

(1)　加熱アスファルト安定処理は、1層の仕上り厚を10cm以下で行う工法とそれを超えた厚さで仕上げる工法とがある。

(2)　粒度調整路盤は、材料の分離に留意しながら路盤材料を均一に敷き均し締め固め、1層の仕上り厚は、30cm以下を標準とする。

(3)　石灰安定処理路盤材料の締固めは、所要の締固め度が確保できるように最適含水比よりやや湿潤状態で行うとよい。

(4)　セメント安定処理路盤材料の締固めは、敷き均した路盤材料の硬化が始まる前までに締固めを完了することが重要である。

解説　粒度調整路盤は、材料の分離に留意しながら路盤材料を均一に敷き均し締め固め、1層の仕上り厚は15cm以下を標準とする。ただし、振動ローラを用いる場合は20cmとしてもよい。また、1層の仕上り厚さが20cmを超える場合でも、所要の締固め度が保証される施工法であれば、その厚さを用いてもよい。　　解答　(2)

　選択問題

問4 **下層路盤の施工** **H27-No.19** ➡ 2アスファルト舗装の上層路盤・下層路盤

　道路のアスファルト舗装の路床及び下層路盤の施工に関する次の記述のうち、<u>適当でないもの</u>はどれか。

(1)　下層路盤に粒状路盤材料を使用した場合の1層の仕上り厚さは、30 cm以下とする。

(2)　路床が切土の場合であっても、表面から30 cm程度以内にある木根、転石などを取り除いて仕上げる。

(3)　路床盛土の1層の敷均し厚さは、仕上り厚で20 cm以下とする。

(4)　下層路盤の粒状路盤材料の転圧は、一般にロードローラと8～20tのタイヤローラで行う。

解説　下層路盤に粒状路盤材料を使用した場合の1層の仕上り厚さは、<u>20 cm以下</u>とする。敷均しはモータグレーダを用いて行う。　　　解答　(1)

問5 **アスファルト舗装の施工** **R1-前No.20** ➡ 3アスファルト舗装の表層・基層

　アスファルト舗装道路の施工に関する次の記述のうち、<u>適当でないもの</u>はどれか。

(1)　現場に到着したアスファルト混合物は、直ちにアスファルトフィニッシャまたは人力により均一に敷き均す。

(2)　敷均し作業中に雨が降りはじめたときは、作業を中止し敷き均したアスファルト混合物を速やかに締め固める。

(3)　敷均し終了後は、所定の密度が得られるように初転圧、継目転圧、二次転圧及び仕上げ転圧の順に締め固める。

(4)　舗装継目は、密度が小さくなりやすく段差やひび割れが生じやすいので十分締め固めて密着させる。

解説　敷均し終了後は、所定の密度が得られるように<u>継目転圧、初転圧、二次転圧及び仕上げ転圧の順</u>に締め固める。継目転圧にはマタガムローラの後輪を使用するのがよいとされている。　　　解答　(3)

　道路のアスファルト舗装の施工に関する次の記述のうち、**適当でないもの**はどれか。

(1)　横継目部は、施工性をよくするため、下層の継目の上に上層の継目を重ねるようにする。

(2)　混合物の締固め作業は、継目転圧、初転圧、二次転圧及び仕上げ転圧の順序で行う。

(3)　初転圧における、ローラへの混合物の付着防止には、少量の水または軽油などを薄く塗布する。

(4)　仕上げ転圧は、不陸の修正、ローラマークの消去のために行う。

> 解説　継目の位置は、締固め不足となりがちなので、下層の継目の上に上層の継目を<u>重ねない</u>ようにする。　　　　　　　　　解答　(1)

point　ワンポイントアドバイス

仕上げ転圧
仕上げ転圧はタイヤローラあるいはロードローラで2回（1往復）程度行う。

　道路のアスファルト舗装の施工に関する次の記述のうち、**適当でないもの**はどれか。

(1)　初期転圧は、8〜10t程度のロードローラで2回（1往復）程度行い、横断勾配の低い方から高い方へ低速でかつ一定の速度で転圧する。

(2)　二次転圧は、タイヤローラまたは振動ローラを用い、所定の締固め度が得られるようにし、転圧終了時の温度は、70〜90℃が望ましい。

(3)　基層面など既舗装面上に舗装する場合は、付着をよくするために散布するタックコートの散布量は一般に1〜2ℓ/m^{2}である。

(4)　舗装の転圧終了後の交通開放温度は、舗装表面温度を50℃以下にする

ことで、初期のわだち掘れや変形を少なくすることができる。

解説 タックコートは、アスファルト乳剤 (PK-4) を用い、散布量は一般に $0.3 \sim 0.6 \, \ell/\mathrm{m}^2$ が標準である。　　　　　　　　　　　解答　(3)

II
第4章
道路・舗装

point 🖐 **ワンポイントアドバイス**

転圧終了後の交通開放温度
舗装の転圧終了後の交通開放について、夏季などに作業時間が制約される場合には、冷却時間を考慮して作業時間を設定し、舗装冷却機械による強制冷却、通常よりも低い温度で施工可能な中温化技術の適用などの方法を検討するのがよい。

問8 **プライムコート・タックコートの施工**　**H26-No.20**
➡ **3 アスファルト舗装の表層・基層**

　道路のアスファルト舗装のプライムコート及びタックコートの施工に関する次の記述のうち、**適当でないもの**はどれか。

(1)　プライムコートは、新たに舗設する混合物層とその下層の瀝青安定処理層、中間層、基層との接着をよくするために行う。

(2)　プライムコートには、通常、アスファルト乳剤 (PK-3) を用いて、散布量は一般に $1 \sim 2 \, \ell/\mathrm{m}^2$ が標準である。

(3)　タックコートの施工で急速施工の場合、瀝青材料散布後の養生時間を短縮するため、ロードヒータにより路面を加熱する方法を採ることがある。

(4)　タックコートには、通常、アスファルト乳剤 (PK-4) を用いて、散布量は一般に $0.3 \sim 0.6 \, \ell/\mathrm{m}^2$ が標準である。

解説 タックコートは、新たに舗設する混合物層とその下層の瀝青安定処理層、中間層、基層との接着をよくするために行う。プライムコートは、路盤とアスファルト混合物とのなじみをよくするなどの目的がある。　　解答　(1)

　道路のアスファルト舗装の破損に関する次の記述のうち、**適当でないもの**はどれか。

(1)　線状ひび割れは、長く生じるひび割れで路盤の支持力が不均一な場合や舗装の継目に生じる。

(2)　ヘアクラックは、規則的に生じる比較的長いひび割れで主に表層に生じる。

(3)　縦断方向の凹凸は、道路の延長方向に比較的長い波長の凹凸でどこにでも生じる。

(4)　わだち掘れは、道路横断方向の凹凸で車両の通過位置が同じところに生じる。

> 解説　ヘアクラックは、不定形に生じる比較的短い微細な線状ひび割れで主に表層に生じる。
> 　　　　　　　　　　　　　　　　　　　　　　　　　　　　　解答　(2)

　道路のアスファルト舗装の補修工法に関する下記の説明文に該当するものは、次のうちどれか。

「不良な舗装の一部分または全部を取り除き、新しい舗装を行う工法」

(1)　オーバーレイ工法

(2)　表面処理工法

(3)　打換え工法

(4)　切削工法

> 解説　「不良な舗装の一部分または全部を取り除き、新しい舗装を行う工法」は、打換え工法である。
> 　　　　　　　　　　　　　　　　　　　　　　　　　　　　　解答　(3)

point ワンポイントアドバイス

補修工法の特徴

オーバーレイ工法は、既設舗装の上に厚さ3cm以上の過熱アスファルト混合物層を舗装する工法である。表面処理工法は、既設舗装の表面に加熱アスファルト混合物以外の材料を用いて3cm未満の薄い封かん層を設ける工法である。切削工法は、路盤の凸部などを切削除去して不陸や段差を解消する工法である。オーバーレイ工法や表面処理工法の事前処理として施工されることも多い。

問11 **コンクリート舗装**　R1-後 No.22　　　　　➡5コンクリート舗装

　道路の普通コンクリート舗装に関する次の記述のうち、**適当でないもの**はどれか。

(1)　コンクリート舗装版の厚さは、路盤の支持力や交通荷重などにより決定する。

(2)　コンクリート舗装の横収縮目地は、版厚に応じて8～10m間隔に設ける。

(3)　コンクリート舗装版の中の鉄網は、底面から版の厚さの1/3の位置に配置する。

(4)　コンクリート舗装の養生には、初期養生と後期養生がある。

　解説　コンクリート舗装版の中の鉄網は、上面から版の厚さの1/3の位置に配置する。　　　　　　　　　　　　　　　　　　　　　　　　　解答　(3)

---

point ワンポイントアドバイス

コンクリート舗装の養生

コンクリート舗装で行う初期養生は、コンクリート表面の乾燥防止のために、一般にコンクリート表面に養生材を噴霧散布する方法で行われる。後期養生は、養生マットなどを用いてコンクリート版表面を隙間なく覆い、完全に湿潤状態になるよう散水する方法で行われる。

第5章 ダム

選択 問題

1 ダムの形式

出題頻度 ★ ★ ★

● ダムの形式

　ダムの形式は、堤体材料と設計手法の違いで分類すると下図のようになる。本試験で出題されるのはコンクリートダムからは**重力ダム**、フィルダムからは**ロックフィルダム**が多い。

● ダムの形式と分類

● コンクリート重力ダム

　コンクリート重力ダムは、ダム堤体の自重により水圧などの外力に対抗して、貯水機能を果たすように作られたダムである。

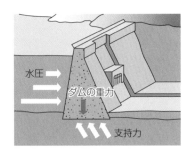

● コンクリート重力ダム

▶ フィルダム

フィルダムは<u>遮水機能</u>を果たす部分の構造によって、3つの形式に分類することができる。

[均一型フィルダム] 堤体のほとんどが<u>均一な材料</u>によって構成されている30m程度以下のダム。

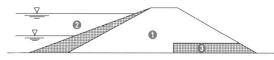

❶ 不透水ゾーン
❷ 表面遮水壁
❸ ドレーン

● 均一型フィルダム

[ゾーン型フィルダム] 遮水ゾーンと、浸透性の異なるいくつかのゾーンによって構成される形式のダム。堤体の中央に遮水ゾーンを持つものを**中央コア型**、傾斜した遮水ゾーンを持つものを**傾斜コア型**と呼ぶ。

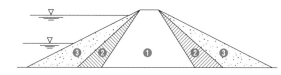

❶ コア（遮水ゾーン）
❷ フィルタ層
❸ 透水ゾーン

● ゾーン型フィルダム

[表面遮水壁型ダム] 透水ゾーンの上流面にアスファルトコンクリートなどの遮水壁を持つ形式のダム。

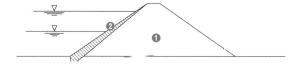

❶ 透水ゾーン
❷ 表面遮水壁

● 表面遮水壁型ダム

[ダム形式の選定] フィルダムの形式は、ダムの高さ、使用材料の種類、ダム地点の地形・地質、気象条件などを考慮して選定する。

要素	均一型	ゾーン型	表面遮水壁型
堤高	30m程度以下	特になし	70m程度以下
堤体材料	土質材料	土質材料 透水性材料	透水性材料 その他のトランジション材料
ダムサイトの地形	－	アバットメントが急傾斜の場合は、中央コア型が有利	アバットメントが急傾斜の場合は不利
ダムサイトの地質	土質基礎の場合が多い	岩盤基礎の場合が多い	岩盤基礎の場合が多い
気象	寒冷地、多雨地域には不利	寒冷地、多雨地域では遮水ゾーンの薄いものが有利	多雨地域では有利

堤体材料は、**土質材料**、**砂礫材料**、**ロック材料**、その他遮水材料に区分される。

• 不透水性材料：土質材料
• 透水性材料 ：砂礫材料、ロック材料

2 ダムの基礎処理 出題頻度 ★☆☆

▶ 基礎部の掘削方法

[**粗掘削と仕上げ掘削**] 基礎岩盤の掘削は下記の2段階で行う。

• 粗掘削：計画掘削面の約50cm手前で止める。
• 仕上げ掘削：粗掘削で緩んだ岩盤や凹凸部を除去し良好な岩盤を露出させる。

[**ベンチカット工法**] ダムの基礎掘削は、基礎岩盤に損傷を与えることが少なく、大量掘削に対応できるベンチカット工法（斜面をベンチのような階段状にする工法）が一般的である。

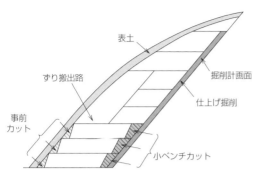

- 大型の削岩機で削孔を行い、爆破して下に向かって掘削する
- 斜面をベンチのような階段状にする
- 掘削計画面から3m付近からの掘削は、高さ1m程度の小ベンチ発破工法やプレスプリッティング工法などにより基礎岩盤への損傷を少なくするよう配慮する

● ベンチカット工法の例（堤体掘削）

［基礎岩盤の処理］ コンクリートを打設する前の基礎岩盤の処理方法には、仕上げ掘削、岩盤清掃、湧水処理、軟弱部・断層処理がある。

グラウチングの施工

グラウチングとは、基礎部と岩盤の隙間にセメントミルクなどで充填することをいい、ダムでは基礎地盤の改良で用いられている。

グラウチングの種類

［コンソリデーショングラウチング］ 基礎地盤の遮水性の改良と弱部の補強を目的として採用される。遮水性の改良は、動水勾配が大きい基礎排水孔から堤敷上流端までの、浸透路長が短い部分の改良を指す。弱部とは、不均一な変形を生じるおそれのある、断層、破砕帯、強風化石、変質帯を指し、それらを補強する。

［ブランケットグラウチング］ 動水勾配が大きいコア着岩部付近の割れ目を閉塞するとともに、遮水性を改良することを目的として、コア着岩部全域を施工する。

［カーテングラウチング］ 浸透路長の短い部分と貯水池外への水みちを形成するおそれのある高透水部の遮水性の改良を目的とし、地盤に応じた範囲を施工する。

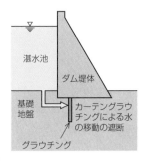

● カーテングラウチングの効果

［コンタクトグラウチング］ コンクリートの硬化などにより<u>堤体</u>と<u>基礎地盤</u>の境界周辺に<u>生じる</u> <u>間隙</u>に対し、コンクリート水和熱がある程度収まった段階で実施する。

［補助カーテングラウチング］ カーテングラウチング施工時のセメントミルクの<u>リークを防止</u>するために、先行して実施される。

◘ グラウチングの施工

［グラウチングの施工方法］ グラウチングの施工は、改良状況の確認と追加孔の必要性が容易に判断できる**中央挿入方法**を標準としている。

［グラウチングの注入方法］ グラウチングの注入方法には、ステージグラウチングとパッカーグラウチングがある。**ステージグラウチング**は、削孔と注入を交互に行い、注入孔全長のグラウチングを施工する方法である。**パッカーグラウチング**は、全長を掘削した後、最深部ステージからパッカーをかけながら注入する方法である。なお、パッカーグラウチングより孔壁の崩壊によるジャーミングの危険性が少ない、<u>ステージラウチングを標準</u>とする。

［グラウチングの改良効果］ 遮水性の改良を目的とするグラウチングの改良効果は、<u>リジオン値</u>で判断する。改良効果の判断指標としては、最終次数孔の改良目標値の非超過確率を<u>85％〜90％以上</u>としている。

［グラウチング孔間隔］ 近接孔で同時に注入作業を行う場合は、地盤への影響を考慮して平面方向には同ステージで隣接孔と<u>6m以上</u>、深さ方向には隣接孔と<u>5m以上</u>の間隔を取るのが一般である。

3 ダムの施工

● コンクリートダムの施工

■ コンクリートダムの工法

　堤体コンクリートの施工方法は、**柱状工法**と**面状工法**に分類することができる。

```
                          ┌─── ブロック打設工法
              ┌─ 柱状工法 ─┤
              │           └─── レヤー工法
コンクリート施工方法 ┤
              │           ┌─── RCD工法
              └─ 面状工法 ─┤
                          └─── 拡張レヤー工法 (ELCM)
```

● コンクリートダムの施工方法

[柱状工法]　柱状工法には、ダム軸に平行方向の縦継目と直角方向の横継目で分割する**ブロック打設工法**と、横継目だけを設ける**レヤー工法**がある。

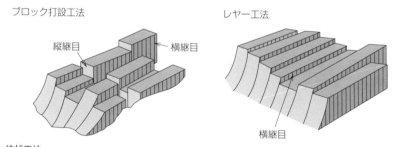

● 柱状工法

　柱状工法では、水和熱によって外部拘束によるクラックを制御するため、一般的に横継目を15m間隔に、縦継目を30〜50m程度の間隔に設ける。

[面状工法]　面状工法は、低リフトで大区画を対象にする工法で、RCDコンクリート使用して複数の区画を同時に打ち込む**RCD工法**、通常のコンクリートを使用する**拡張レヤー工法（ELCM）**がある。

　RCD工法は、単位結合材料の少ない超硬練りコンクリートをブルドーザで敷き均し、振動ローラで締め固める。

　拡張レヤー工法は、単位セメント量の少ない有スランプコンクリートを一

度に複数ブロック打設し、横継目は打設後または打設中に設ける。

A ブロック
B ブロック
横継目

● 拡張レヤー工法

■ 面状工法の特徴

工法	拡張レヤー工法（ELCM）	RCD工法
特徴	有スランプコンクリートを使用する	ゼロスランプのRCDコンクリートを用いる
温度規制	打ち上がり速度規制、プレクーリング、プレヒーリング、上下流面の保温	材料、打設間隔、リフト高、養生などの調整で対処、プレクーリングを行い、パイプクーリングによる温度規制は行わない
敷均し	ブルドーザ	ホイールローダなど
締固め	内部振動機を装着した搭載型内部振動機を使用	振動ローラを使用
試験方法	スランプ試験	VC試験

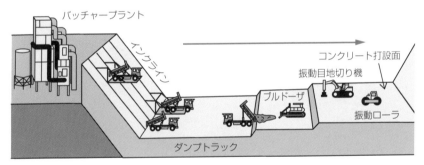

バッチャープラント
インクライン
コンクリート打設面
振動目地切り機
ブルドーザ
振動ローラ
ダンプトラック

● 面状工法の施工

［ CSG（セメント砂礫混合物）工法 ］ CSG（セメント砂礫混合物）は、手近で得られる岩石質材料を分級し、粒度調整及び洗浄は行わず、水とセメントを添加して簡単な施設を用いて混合したものである。CSG工法は、水、セメントを添加混合したものをブルドーザで敷き均し、振動ローラで締め固める工法で、打込み面はブリーディングが極めて少ないことからグリーンカット（レイタンスなどを取り除く作業）は必要としない。

◻ コンクリートの施工

［暑中・寒中コンクリート］ 日の平均気温が25℃を越える可能性のある場合は、暑中コンクリートとして施工しなければならない。

また、日の平均気温が4℃以下となる可能性のある場合は、ダムコンクリートの表面が凍結する可能性が高いので、**寒中コンクリート**として施工しなければならない。

［リフト高］ リフト高は、コンクリートの<u>自然熱放散</u>、打設工程、打設面の処理などを考慮して決定する。

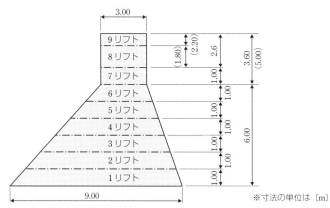

※寸法の単位は〔m〕

● リフト高の決定

◻ 濁水処理

コンクリート打設面のレイタンス除去処理で発生する濁水はアルカリ性が強いので、河川環境に悪影響を与えないように、塩酸、硫酸などで中和する**酸性液法**と**炭酸ガス法**がある。

◉ フィルダムの施工

◻ フィルダムのゾーンの材料

ゾーン型ダムの材料は、外側に配置する透水性材料の**ロックゾーン**、遮水ゾーンと透水ゾーンの間に入る半透水性材料の**フィルタゾーン**、コアゾーンと呼ばれる遮水材料の3種類に分けることができる。

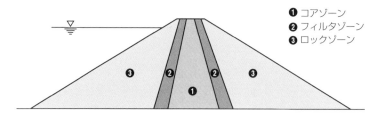

● ゾーン型ダムの構造と材料（中央コア型）

❶ コアゾーン
❷ フィルタゾーン
❸ ロックゾーン

🔲 施工時の留意点

[遮水ゾーンの基礎] 　遮水ゾーンの基礎は、パイピングなどの浸透破壊を防止するために十分な遮水性が期待できる岩盤まで掘削することが望ましい。遮水材料の敷均し、転圧はできるだけダム軸に平行に行うとともに均等な厚さに仕上げることが必要である。

[遮水ゾーンの施工] 　盛立面に遮水材料をダンプトラックで撒き出すときは、遮水ゾーンは最小限の距離しか走行させないものとし、できるだけフィルタゾーンを走行させる。

[着岩部の施工] 　着岩部の施工では、一般的に遮水材料よりも粒径の小さい着岩材を、人力あるいは小型締固め機械を用いて施工する。

　基礎部においてヘアクラックなどを通して浸出してくる程度の湧水がある場合は、湧水箇所の周囲を先に盛り立てて排水を実施し、その後一挙にコンタクトクレイ（細粒の土質材料）で盛り立てる。

問1　ダムの形式　R1-前No.23
⇒1 ダムの形式

フィルダムに関する次の記述のうち、適当でないものはどれか。

(1) フィルダムは、その材料に大量の岩石や土などを使用するダムであり、岩石を主体とするダムをロックフィルダムという。

(2) フィルダムは、コンクリートダムに比べて大きな基礎岩盤の強度を必要とする。

(3) 中央コア型ロックフィルダムでは、一般的に堤体の中央部に遮水用の土質材料を用いる。

(4) フィルダムは、ダム近傍でも材料を得やすいため、運搬距離が短く経済的に材料調達を行うことができる。

解説　フィルダムは、コンクリートダムに比べて大きな基礎岩盤の強度を必要としない。　　　　　　解答　(2)

問2　ダムの基礎処理　H20-No.23
⇒2 ダムの基礎処理

コンクリートダムの施工に関する次の記述のうち、適当でないものはどれか。

(1) ダムの基礎掘削は、基礎岩盤に損傷を与えることが少なく、大量掘削に対応できるベンチカット工法が一般的である。

(2) 一般に、ダムのコンクリート打設は、ダム堤体全面に、水平に連続して実施する面状工法が多い。

(3) ダムのコンクリート配合においては、水和発熱量の少ないフライアッシュセメントの使用を避ける。

(4) ダムの基礎岩盤からの浸透防止には、岩盤の隙間に圧力を加え、セメントミルクを注入するグラウチングを実施する。

解説 ダムなど、大量にコンクリートを打設する場合のコンクリート配合においては、水和発熱量の少ないセメントを使用する。一般には中庸熱ポルトランドセメント、高炉セメントB、フライアッシュセメントB種・C種が用いられている。 解答 (3)

問3 **ダムの施工** R1-後No.23 ➡ 3 ダムの施工

コンクリートダムのRCD工法に関する次の記述のうち、適当でないものはどれか。

(1) コンクリートの運搬は、一般にダンプトラックを使用し、地形条件によってはインクライン方式などを併用する方法がある。

(2) 運搬したコンクリートは、ブルドーザなどを用いて水平に敷き均し、作業性のよい振動ローラなどで締め固める。

(3) 横継目は、ダム軸に対して直角方向に設け、コンクリートの敷き均し後、振動目地機械などを使って設置する。

(4) コンクリート打込み後の養生は、水和発熱が大きいため、パイプクーリングにより実施するのが一般的である。

解説 RCD工法ではパイプクーリングは行わない。スプリンクラーによる散水養生を行う。 解答 (4)

第6章

トンネル

1 トンネルの掘削方法

出題頻度 ★☆☆

▶ 山岳工法

トンネルの掘削工法（山岳工法）には、**全断面工法**、**ベンチカット工法**、**中壁分割工法**、**導杭先進工法**などがある。また、トンネルの掘削は、**人力掘削**、**爆破掘削**、**機械掘削**などで行う。

［ベンチカット工法］ 図はミニベンチカットで❷が数 m 程度、❶はショートベンチカットが30 m 程度、ロングベンチカットが100 m 程度とされている。

● ベンチカット工法

［中壁分割工法］ 上下にも分けて4分割にする方法もある。

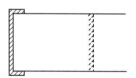

● 中壁分割工法

［導杭先進工法］ 図は底設導杭先進工法で、側壁に導杭を設ければ側壁導杭先進工法となる。❶の導坑を先行させて掘削した後、❷の本トンネルを掘進する。地質が非常に悪い地山や、地下水が多い地山などに採用される。

● 導杭先進工法

2 トンネルの支保工

▶ 支保工

［吹付けコンクリート］ 吹付けコンクリートは掘削直後に地山に密着するように容易に施工でき、支保構造部材では最も一般的に用いられる。岩塊の局部的な脱落を防止し、緩みが進行するのを防ぎ、地山自身で安定が得られる効果があるほか、せん断抵抗による支保効果、内圧効果、リング閉合効果、外圧配分効果、弱層の補強効果、被覆効果などがある。

岩盤との付着力
せん断力（τ）による抵抗

曲げ圧縮または
軸力（N）による抵抗

外力の分散効果

● 吹付けコンクリート

［ロックボルト］ ロックボルトの作用効果は、岩盤の性状や強度などによって異なるが、縫付け効果、はり形成効果、内圧効果、地山改良効果などがある。なお内圧効果によって耐荷能力が向上したトンネル周辺の地山は、一様の変形をすることによって地山アーチ形成効果も期待できる。

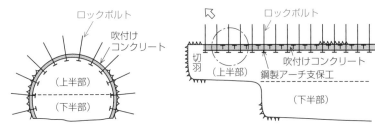

● ロックボルト

［鋼製アーチ支保工］ 鋼製アーチ支保工は、自立性の悪い地山や割れ目の発達した地山の場合に、吹付けコンクリートが十分な強度を発揮するまでの短期間に生じる緩み対策として使用する。吹付け工と一体化することによって支保機能を高める作用効果がある。

選択問題

● 鋼製アーチ支保工

3 トンネルの施工 出題頻度 ★★

▶ 支保工の施工順序

　支保工は単独または組合せで施工する。一般に支保工の施工順序は、地山条件がよい場合には**吹付けコンクリート→ロックボルト**の順に行い、地山条件が悪い場合には**一次吹付けコンクリート→鋼製支保工→二次吹付けコンクリート→ロックボルト**の順で施工する。

■ 掘削の補助工法

目的と適用地山／工法		補助工法の目的						適用地山条件		
		天端の安定対策	鏡面の安定対策	脚部の安定対策	湧水対策	地表面沈下対策	近接構造物対策	硬岩	軟岩	土砂
先受工	フォアポーリング	◎	○				○	○	◎	◎
	注入式フォアポーリング	◎	○			○	○	○	◎	◎
	長尺鋼管フォアパイリング	◎	○			○	○		○	◎
	パイプルーフ	○	○			◎	○	○	○	○
	水平ジェットグラウド	○	○	○		○	○		○	○
	プレライニング	○	○			○	○		○	○
鏡面の補強	鏡吹付けコンクリート		◎					○	○	○
	鏡ボルト		◎					○	○	○
脚部の補強	支保工脚部の拡幅			◎		◎				◎
	仮インバート			○		○				○
	脚部補強ボルト・パイル			○		○				○
	脚部改良			○		○				○
湧水対策	水抜きボーリング	○	○		◎			◎	◎	○
	ウェルポイント	○	○		○					○
	ディープウェル	○	○		○					○
地山補強	垂直縫地工法	○	○			○		○	○	○
	注入	○	○	○	◎	○	◎		○	○
	遮断壁				○	○	◎			○

注) ◎：比較的よく用いられる工法　○：場合によって用いられる工法

［フォアポーリング工法］ フォアポーリング工法は、天端部の安定対策として、掘削前にボルト・鉄筋・単管パイプなどを切羽天端前方に向けて挿入し、地山を拘束する工法である。一般的に1本当たり5m以下のものが用いられ、打設角度はできるだけ小さい方がよい。

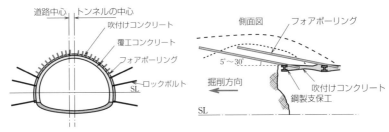

● フォアポーリング工法

［注入式フォアポーリング工法］ 注入式フォアポーリング工法は、天端部の安定対策として、ボルト打設と同時に超急結性のセメントミルクなどを圧力注入する工法である。天端部の簡易な安定対策としては比較的信頼性が高く、多くの施工実績がある。

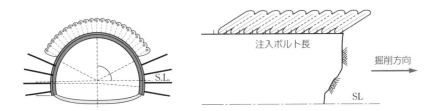

● 注入式フォアポーリング工法

▶ 施工時の観察・計測

都市部のトンネル施工に際しては、都市部の特有の条件を考慮した観察・計測を行わなければならない。主な観察・計測事項は下記である。
- 地表面沈下
- 近接構造物の挙動（構造物の沈下、水平変位、傾斜など）
- 近接構造物の損傷状況（ひび割れなど）
- 周辺の地下水

切羽通過前の先行変位を把握することが、その後の最終変位の予測や支保工、補助工法の対策効果を確認するうえで重要である。

また、近接構造物の損傷状況は、度合いによって管理基準値を個別に設定する必要があるため、工事着工前に対象構造物の損傷状態を把握しておかなければならない。地下水は、工事前から工事後の長期にわたって計測を行う必要がある。

［内空変位測定］ 内部変位測定は、坑内において壁面間距離の変化を計測し、その結果を周辺地山の安定や支保部材の効果の検討、二次覆工打設時期の検討に活用する。

計測頻度は、切羽との離れ及び変位速度との関係によって定め、初期段階では概ね1〜2回/日程度が標準である。

［地中変位測定］ 坑内で計測する地中変位測定は、周辺地山の半径方向の変位を計測するもので、その結果を緩み領域の把握やロックボルト長の妥当性の検討に活用する。

坑外から計測する地中変位測定は、周辺地山の地中沈下、地中水平変位を計測し、地山の三次元挙動把握などの検討に活用する。

［表面沈下測定］ 坑外から実施される地表面沈下測定の間隔は、一般に横断方向で3〜5mであり、トンネル断面の中心に近いほど測定間隔を小さくし、その結果は掘削影響範囲の検討などに活用される。

［切羽の観察］ 切羽の観察は、掘削切羽ごとに行い、地質状況及びその変化状況を観察する。原則として1日に1回は記録し、その結果は未施工区間の支保選定などに活用される。

▶ トンネルの覆工

トンネルの覆工は、アーチ部、側壁部、インバート部を総称したもので、一般的に無筋コンクリート構造とする。坑口部や膨潤性地山などで偏圧や大きな荷重を受ける場合は、鉄筋コンクリート構造とすることもある。

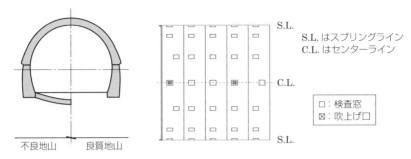

S.L. はスプリングライン
C.L. はセンターライン

□：検査窓
⊠：吹上げ口

● 覆工コンクリートの構造　　● 型枠作業窓（検査窓）の設置例

【**コンクリートの打設**】　コンクリートの打設は、型枠に偏圧がかからないように左右対称で、できるだけ水平にコンクリートを連続して打ち込む。

　側壁部のコンクリート打込みでは、落下高さが高い場合や長い距離を横移動させた場合に材料が分離するので、適切な高さの複数の作業窓を投入口として用いる。

　また、コンクリートの打込みにシュート、ベルトコンベアなどを使用するときは、材料分離を生じさせないよう注意しなければならない。

【**鉄筋の固定方法**】　覆工コンクリートの鉄筋の固定方式には、吊り金具方式と非吊り金具方式がある。**非吊り金具方式**は、水密性が要求される**防水型トンネル**で使用される。**吊り金具方式**には、防水シート貫通型と防水シート非貫通型がある。

　非吊り金具方式の場合は防水シートの貫通を避けるために、鉄筋固定用支保工を設置する。

【**型枠工**】　移動式型枠の長さ（一打込み長）は、長過ぎると温度収縮や乾燥収縮によるコンクリートのひび割れが発生しやすくなる。

　移動式型枠は9〜12mの長さのものが使用される。しかし、長大トンネルにおいては、工期短縮を図るため15〜18mのものが使用されることもある。

　型枠面に使用する**はく離剤**は、覆工コンクリートのできばえを考慮し適量塗布しなければならない。はく離剤の過度の塗布は、覆工コンクリートに色ムラ、縞模様を生じさせ、できばえなどに影響するため注意しなければならない。

【**養生**】　覆工コンクリートに十分な強度を発現させ、所要の耐久性、水密

性などの品質を確保するためには、打込み後一定期間中コンクリートを適当な温度及び湿度に保ち、振動や変形などの有害な作用の影響を受けないようにする必要がある。

　覆工コンクリートの養生では、坑内換気設備の大型化による換気の強化や貫通後の外気の通風、冬期の温度低下などの影響を考慮し、覆工コンクリートに散水、シート、ジェットヒータなどの付加的な養生対策を講じる。

問1 **トンネルの掘削方法** R1-前No.24 　　➡1トンネルの掘削方法

　トンネルの山岳工法における掘削に関する次の記述のうち、**適当でないも**のはどれか。

(1)　機械掘削には、全断面掘削機と自由断面掘削機の2種類がある。

(2)　発破掘削は、地質が硬岩質などの場合に用いられる。

(3)　ベンチカット工法は、トンネル断面を上半分と下半分に分けて掘削する方法である。

(4)　導坑先進工法は、トンネル全断面を一度に掘削する方法である。

> 解説　導坑先進工法は、トンネル掘削断面をいくつかの区分に分けて順序立てて掘削する方法である。　　　　　　　　　　　　解答　(4)

問2 **トンネルの掘削方法** H26-No.24 　　➡1トンネルの掘削方法

　山岳工法によるトンネルの掘削方式に関する次の記述のうち、**適当でない**ものはどれか。

(1)　機械掘削は、ブーム掘削機やバックホウ及び大型ブレーカなどによる全断面掘削方式とトンネルボーリングマシンによる自由断面掘削方式に大別できる。

(2)　発破掘削は、切羽の中心の一部を先に爆破し、これによって生じた新しい自由面を次の爆破に利用して掘削するものである。

(3)　機械掘削は、発破掘削に比べ、地山を緩めることが少なく、発破掘削の騒音や振動などの規制がある場合に有効である。

(4)　発破掘削では、発破孔の穿孔に削岩機を移動式台車に搭載したドリルジャンボがよく用いられる。

解説 機械掘削は、ブーム掘削機やバックホウ及び大型ブレーカなどによる自由断面掘削方式と、トンネルボーリングマシンによる全断面掘削方式に大別できる。 解答 (1)

問3 **トンネルの支保工** R1-後No.24 ➡2 トンネルの支保工

トンネルの山岳工法における支保工に関する次の記述のうち、**適当でない****もの**はどれか。

(1) 吹付けコンクリートの作業においては、はね返りを少なくするために、吹付けノズルを吹付け面に斜めに保つ。

(2) ロックボルトは、掘削によって緩んだ岩盤を緩んでいない地山に固定し、落下を防止するなどの効果がある。

(3) 鋼アーチ式(鋼製)支保工は、H型鋼材などをアーチ状に組み立て、所定の位置に正確に建て込む。

(4) 支保工は、掘削後の断面維持、岩石や土砂の崩壊防止、作業の安全確保のために設ける。

解説 吹付けコンクリートの作業においては、はね返りを少なくするために、吹付けノズルを吹付け面に直角に保つようにする。吹付け面に対し斜めになると、先に吹き付けられた部分が吹き飛ばされて、はね返りやはく離が生じるおそれがある。 解答 (1)

問4 **トンネルの支保工** H27-No.24 ➡2 トンネルの支保工

トンネルの山岳工法における支保工に関する次の記述のうち、**適当でない****もの**はどれか。

(1) 吹付けコンクリートは、地山の凹凸を残すように吹き付け、地山との付着を確実に確保する。

(2) 支保工の施工は、掘削後速やかに行い、支保工と地山をできるだけ密着あるいは一体化させ、地山を安定させる。

(3)　支保工に補強などの必要性が予測される場合は、速やかに対処できるよう必要な資機材を準備しておく。

(4)　ロックボルトの孔は、所定の位置、方向、深さ、孔径となるように穿孔するとともに、ボルト挿入前にくり粉が残らないよう清掃する。

> 解説　吹付けコンクリートは、地山の凹凸をなくすように吹き付け、地山との付着を確実に確保する。　　　　　　　　　　解答　(1)

問5　トンネルの施工　H21-No.24　　　　　➡ 3 トンネルの施工

　山岳トンネルの掘削に関する次の記述のうち、**適当でないもの**はどれか。

(1)　比較的強度の低い地山の下半部掘削などには、バックホウが一般に使用される。

(2)　軟岩地山の自由断面掘削には、ブーム掘削機が一般に使用される。

(3)　硬岩地山の全断面掘削には、トンネルボーリングマシンが一般に使用される。

(4)　砂礫地山の掘削には、発破掘削が一般に用いられる。

> 解説　硬岩地山から中硬岩地山には、発破掘削が一般に用いられる。　解答　(4)

> **point　ワンポイントアドバイス**
>
> **機械掘削の分類**
> 【問2】より、機械掘削はブーム掘削機やバックホウ及び大型ブレーカなどによる<u>自由断面掘削方式</u>と、トンネルボーリングマシンによる<u>全断面掘削方式</u>に大別できる。

問6　トンネルの覆工　H29-後 No.24　　　　　➡ 3 トンネルの施工

　トンネルの山岳工法における覆工に関する次の記述のうち、**適当でないもの**はどれか。

(1)　覆工コンクリートの打込み前には、コンクリートの圧力に耐えられる構

造のつま型枠を、モルタル漏れなどがないように取り付ける。

(2) 覆工コンクリートの打込み時には、適切な打上がり速度となるように、覆工の片側から一気に打ち込む。

(3) 覆工コンクリートの締固めには、内部振動機を用い、打込み後速やかに締め固める。

(4) 打込み終了後の覆工コンクリートは、硬化に必要な温度及び湿度を保ち、適切な期間にわたり養生する。

> **解説** 覆工コンクリートの打込み時には、適切な打上がり速度となるように、覆工の片側から徐々に打ち込む。一気に打ち込むと沈下ひび割れなどの不良が生じやすい。 解答 (2)

問7 トンネル施工時の観察・計測 H28-No.24 ➡3 トンネルの施工

山岳トンネル施工時の観察・計測に関する次の記述のうち、適当でないものはどれか。

(1) 観察・計測位置は、観察結果や各計測項目相互の関連性が把握できるよう、断面位置を合わせるとともに、計器配置を揃える。

(2) 測定作業では、単に計器の読み取り作業やデータ整理だけでなく、常に、施工の状況とどのような関係にあるかを把握し、測定値の妥当性について検討する。

(3) 観察・計測結果は、トンネルの現状を把握し、今後の予測や設計、施工に反映しやすいように速やかに整理する。

(4) 観察・計測頻度は、切羽の進行を考慮し、掘削直後は疎に、切羽が離れるに従って密になるように設定する。

> **解説** 観察・計測頻度は、切羽の進行を考慮し、掘削直後は密に、切羽が離れるに従って疎になるように設定する。 解答 (4)

第7章

海岸・港湾

1 海岸堤防

出題頻度 ★☆☆

❯ 海岸堤防の種類

海岸堤防の代表的な堤防型式は、傾斜型（緩傾斜型）、直立型、混成型の3種に分類される。

また、堤防の表法勾配による分類は、以下の通りである。

- **緩傾斜型**：堤防前面勾配が1：3よりも緩いもの
- **傾斜型**　：堤防前面勾配が1：1よりも緩いもの
- **直立型**　：堤防前面勾配が1：1よりも急なもの

■ 海岸堤防の種類

傾斜堤	石張式、コンクリートブロック張式、コンクリート被覆式など	1：1以上
緩傾斜堤	コンクリートブロック張式、コンクリート被覆式など	1：3以上
直立堤	石積式、重力式、扶壁式など	1：1未満
混成堤	上記の組合せ	―

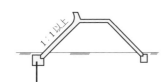

傾斜型 　　　　　　　　　　　　緩傾斜型（階段型）

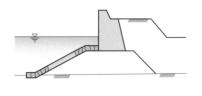

混成型

直立型

● 海岸堤防の種類

▶ 傾斜護岸堤防の構造と施工

　海岸堤防の傾斜型のうち、法面勾配が3割以上緩いものを**緩傾斜堤防**という。この型式は、基礎地盤が比較的軟弱な場合や、堤防用地・堤体用土が容易に得られる場合に適用される。

［堤体盛土］　堤体盛土に使用する材料は、原則として多少粘土を含む砂質土または砂礫質のものとする。また、盛土は十分に締め固めても収縮・圧密により沈下するので、天端高、堤体の土質、基礎地盤の良否などを考慮して必要な余盛を行う。

［表面被覆工（コンクリートブロック）］　表面被覆工で用いられるコンクリートブロックは、波力に対し安定するようブロック重量は2t以上、厚さは50 cm以上とする。コンクリートブロック法尻部の施工が陸上でできる場合には、ブロックの先端を同一勾配で地盤に入れ込むことが望ましい。

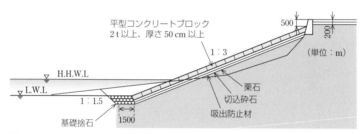

● 表面被覆工で用いられるコンクリートブロック

［表面被覆工（現場打ちコンクリート）］　現場打ちコンクリート被覆工の階段式の施工においては、吊型枠を用いて必ず同時に天端まで打ち上げ、途中に弱点となる施工ジョイントを作らないように、特に注意しなければならない。

［裏込め工］　裏込め工は、表法面からの浸透水や堤体からの浸出水に対するフィルタとしての機能がある。裏込め工は、一般に50 cm以上の厚さとし、裏込め材を2層に分ける場合の粒径は、盛土面に接する部分は小さくし、その上層のブロックに接する部分は大きなものとする。

▶ その他の海岸堤防（緩傾斜型堤防以外）

［傾斜型堤防］　傾斜型堤防は、基礎地盤が比較的軟弱な場合や、堤体土砂

が容易に得られる場合、堤防用地が容易に得られる場合、水理条件や既設堤防との接続の関係などから判断して傾斜型が望ましい場合、海浜利用上で望ましい場合や親水性の要請が高い場合に適する。

[混成型堤防] 混成型堤防は、捨石マウンドなどの基礎を築造した上に**ケーソンやブロックなどの直立型構造物（躯体）を設置した構造形式**をいう。基礎地盤が比較的軟弱な場所、水深の大きな場所に適する。

[直立型堤防] 直立型堤防は、基礎地盤が比較的堅固な場合や、堤防用地が容易に得られない場合、水理条件や既設堤防との接続の関係などから判断して直立型が望ましい場合に適する。

2 港湾工事 出題頻度 ★★☆

▶ 防波堤の構造と施工

防波堤には、**直立堤、傾斜堤、混成堤**のほか、直立堤や混成堤の前面に消波ブロックを積み立てた構造の消波ブロック被覆堤、波高が小さい内湾や港内の防波堤に用いられる重力式特殊防波堤などがある。

[直立堤] 海底地盤が固く洗掘を受けるおそれがない場所で用いられる。

直立堤には、ケーソン式、コンクリートブロック式、コンクリート単塊式がある。ケーソン式の直立堤は、本体にケーソンを用いるため波力に強く、本体製作をドライワークで行えるため、施工が確実で海上での施工日数が短縮できる。しかし、ケーソンの製作設備や施工設備に相当な工費を要し、荒天日数の多い場所では海上施工日数に著しい制限を受ける。

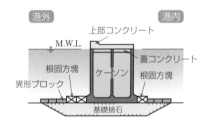

● ケーソン式直立堤

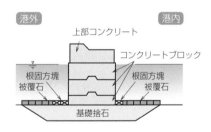

● コンクリートブロック式直立堤

[傾斜堤] 比較的水深が浅い場所で小規模な防波堤に用いられる。

コンクリートブロックや捨石を台形断面に詰め込んだ形状で、施工、維持管理が容易である。捨石の大きさに限度があることから、一般に波力の弱いところに用いられるが、やむを得ず波力の強い箇所に用いる場合には法面をブロックで被覆することがある。

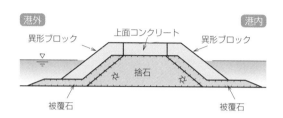

● 傾斜堤

[混成堤] 水深が浅い場合は**傾斜堤**、深い場合は**直立堤**に近い構造とされる。水深の深い場所や比較的軟弱な地盤にも適するが、施工法や施工設備が多様となる。

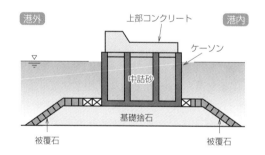

● 混成堤

[堤防の基礎工] 港湾構造物の基礎は海底に作られるのが大部分であるため、捨石によって築造するのが最も一般的である。ただし、基礎地盤が軟弱な場合は、基礎地盤の安定や地震時の液状化を検討し、基礎置換工法、サンドドレーン工法、サンドコンパクション工法、深層混合改良工法などの地盤改良による対策が必要である。

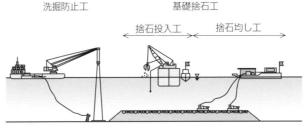

● 堤防の基礎工施工時の様子

洗掘防止工　　　　　　基礎捨石工

捨石投入工　　捨石均し工

▶ ケーソンの施工

［施工方法］　ケーソン本体の施工は、一般に陸上またはドックなどのケーソンヤードで製作したケーソンを**進水→えい航→据付け→中詰め→蓋コンクリート→上部工**の順で施工する。

　えい航作業は、ほとんどの場合がそのまま据付け、中詰め、蓋コンクリートなどの**連続した作業工程**となるため、気象、海象状況を十分に検討して実施する。

　また、ケーソン据付け時の注水は、気象、海象の変わりやすい海上で行う作業であり、できる限り短時間でかつバランスよく各隔室に平均的に注水する。

［ケーソンヤード］　ケーソンヤードには、一般にドライドック方式、斜路（滑路）方式、吊出し方式、ドルフィンドック方式などがある。

［製作・進水方式］　浮ドック方式では、ケーソン進水時は適当な水深の場所に船体を引き出し、船艙内に注入し船体を沈下させ、ケーソンを進水させることができる。

　吊り降し方式では、既設護岸の背後などでケーソンを施工するため、計画時にケーソンの自重による既設護岸の安定などを確認しておく必要がある。

3　消波工

出題頻度 ★★

▶ 消波工の構造と施工

［消波工の目的］　消波工は、波の打上げ高、越波、しぶき、波力・波圧、波の反射を軽減させることを目的として設置する。

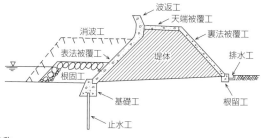

● 消波工の各部名称

[消波工の構造] 消波工の構造は、波のエネルギーを消耗させるために、表面の粗度が大きく波力に対し安定であること、適度な形で分布のある空隙を持つことが条件となる。一般的に捨石、異形ブロックが用いられる。中詰石の上に数層のブロックで築造する場合もある。

[異形ブロックを用いる場合] 異形ブロックを用いる場合、不規則に積み上げる乱積みとブロックの向きを規則的に配置する層積みがある。

● 護岸前面に設置される消波工　　　● 遊水部付き消波工を有する護岸

4　浚渫

出題頻度 ★

▶ 浚渫船の種類と特徴

[クラブ浚渫船] クラブ浚渫船は、クラブバケットを用いて土砂をつかみ浚渫を行う形式である。一般的に中小規模の浚渫に適し、適用範囲が極めて広く浚渫深度や土質の制限も少ない。岸壁など、構造物の前面や狭い場所の浚渫も可能である。自航式と非自航式があるが、非自航式が一般的である。

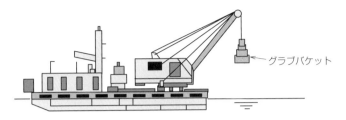

● クラブ浚渫船

[バケット浚渫船]　バケット浚渫船は、船体の中央に多数のバケットを装着したラダーがあり、回転しながら浚渫を行う形式である。バケット浚渫船は、浚渫作業船のうち比較的能力が大きく<u>大規模な浚渫</u>に適している。

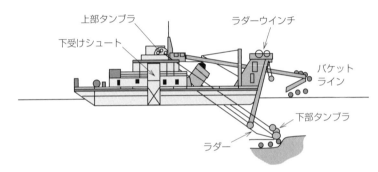

● バケット浚渫船

[ポンプ浚渫船]　ポンプ浚渫船は、船体前部に土砂吸入管を内蔵したラダーと土砂を掘り崩すためのカッターが先端に取り付けられた形式である。<u>大量の浚渫や埋立て</u>に適しており、カッターの種類を変えることで軟らかい地盤から硬い地盤まで広い範囲の浚渫が可能である。

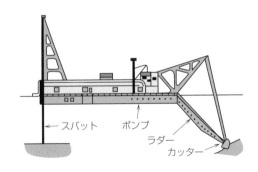

● ポンプ浚渫船

［ディッパ浚渫船］　ディッパ浚渫船は、台船上に陸上土木で使用している
パワーショベルを搭載し、浚渫を行う形式である。パワーショベルを用いて
浚渫するので、<u>硬質地盤に適し</u>、土丹岩、締まった硬い粘土、転石混じりの
土砂などの地盤に用いられる。

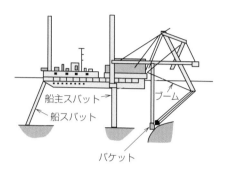

● ディッパ浚渫船

過去問チャレンジ（章末問題）

問1 **海岸堤防の構造** H30-後 No.25 ⇒ 1 海岸堤防

　下図は傾斜型海岸堤防の構造を示したものである。図の（イ）〜（ニ）の構造名称に関する次の組合せのうち、**適当なもの**はどれか。

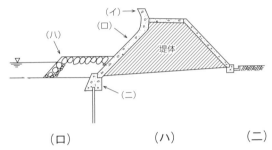

	（イ）	（ロ）	（ハ）	（ニ）
(1)	表法被覆工 ……	根固工 ……………	波返し工 ………	基礎工
(2)	波返し工 ………	表法被覆工 ……	基礎工 ………	根固工
(3)	表法被覆工 ……	基礎工 ……………	波返し工 ………	根固工
(4)	波返し工 ………	表法被覆工 ……	根固工 ………	基礎工

> **解説** （イ）は波返し工、（ロ）は表法被覆工、（ハ）は根固工、（ニ）は基礎工である。
>
> 解答　(4)

問2 **海岸堤防の種類** H26-No.25 ⇒ 1 海岸堤防

　海岸堤防に関する次の記述のうち、適当でないものはどれか。

(1) 混成型は、水深が割合に深く比較的軟弱な基礎地盤に適する。

(2) 直立型は、天端や法面の利用は困難である。

(3) 直立型は、堤防前面の法勾配が 1 : 1 より急なものをいう。

(4) 緩傾斜堤は、堤防前面の法勾配が 1 : 1 より緩やかなものをいう。

解説 緩傾斜堤は、堤防前面の法勾配が1：3より緩やかなものを指す。1：1より緩やかなものは傾斜堤である。 解答 (4)

問3 **ケーソンの施工** R1-後 No.26 ➡2港湾工事

ケーソン式混成堤の施工に関する次の記述のうち、適当でないものはどれか。

(1) ケーソンは、注水により据え付ける場合には注水開始後、中断することなく注水を連続して行い速やかに据え付ける。

(2) ケーソンは、海面が常におだやかで、大型起重機船が使用できるなら、進水したケーソンを据付け場所までえい航して据え付けることができる。

(3) ケーソンは、据付け後すぐにケーソン内部に中詰めを行って質量を増し、安定を高めなければならない。

(4) ケーソンは、波の静かなときを選び、一般にケーソンにワイヤをかけて、引き船でえい航する。

解説 ケーソンは、注水により据え付ける場合には注水開始後、底面が据付け面直前10～20cmの位置まで近づいたら注水を一時止め、潜水士によって正確な位置を決めてから再び注水を開始して正しく据え付ける。 解答 (1)

問4 **防波堤の種類** H29-前 No.26 ➡2港湾工事

港湾の防波堤に関する次の記述のうち、適当でないものはどれか。

(1) 直立堤は、傾斜堤より使用する材料は少ないが、波の反射が大きい。

(2) 直立堤は、地盤が堅固で、波による洗掘のおそれのない場所に用いられる。

(3) 混成堤は、捨石部と直立部の両方を組み合わせることから、防波堤を小さくすることができる。

(4) 傾斜堤は、水深の深い大規模な防波堤に用いられる。

解説 傾斜堤は、比較的水深の浅い場所の小規模な防波堤に用いられる。
解答 (4)

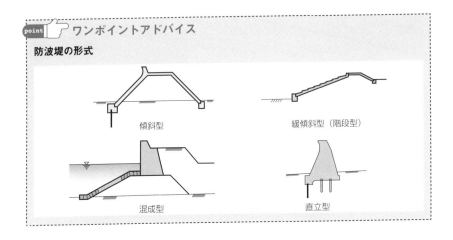

point ワンポイントアドバイス

防波堤の形式

傾斜型

緩傾斜型（階段型）

混成型

直立型

問5 消波工の構造　R1-後No.25　　　　　　　　➡ 3 消波工

　海岸における異形コンクリートブロックによる消波工に関する次の記述のうち、**適当でないもの**はどれか。

(1)　消波工は、波の打上げ高さを小さくすることや、波による圧力を減らすために堤防の前面に設けられる。

(2)　異形コンクリートブロックは、ブロックとブロックの間を波が通過することにより、波のエネルギーを減少させる。

(3)　乱積みは、荒天時の高波を受けるたびに沈下し、徐々にブロックどうしのかみ合わせが悪くなり不安定になってくる。

(4)　層積みは、規則正しく配列する積み方で整然と並び外観が美しく、設計通りの据付けができ安定性がよい。

解説　乱積みは、荒天時の高波を受けるたびに沈下し、徐々にブロックどうしのかみ合わせがよくなり安定する。　　　　　　　　　　　解答　(3)

---

point ワンポイントアドバイス

ブロックの積み方
異形コンクリートブロックの据付け方法には「層積み」と「乱積み」があり、水深による施工性や、据付け時の空隙率などの違いがある。

問6 消波工の機能 H29-前No.25 ➡ **3** 消波工

海岸堤防の消波工の施工に関する次の記述のうち、**適当でないもの**はどれか。

(1) 異形コンクリートブロックを層積みで施工する場合は、据付け作業がしやすく、海岸線の曲線部も容易に施工できる。

(2) 消波工に一般に用いられる異形コンクリートブロックは、ブロックとブロックの間を波が通過することにより、波のエネルギーを減少させる。

(3) 異形コンクリートブロックは、海岸堤防の消波工のほかに、海岸の侵食対策としても多く用いられる。

(4) 消波工は、波の打上げ高さを小さくすることや、波による圧力を減らすために堤防の前面に設けられる。

解説 異形コンクリートブロックを層積みで施工する場合は、規則正しく配列する据付け作業に手間がかかり、海岸線の曲線部も施工は難しい。

解答 (1)

問7 グラブ浚渫船による施工 R1-前No.26 ➡ **4** 浚渫

グラブ浚渫船の施工に関する次の記述のうち、**適当なもの**はどれか。

(1) グラブ浚渫船は、ポンプ浚渫船に比べ、底面を平担に仕上げるのが難しい。

(2) グラブ浚渫船は、岸壁などの構造物前面の浚渫や狭い場所での浚渫には使用できない。

(3) 非航式グラブ浚渫船の標準的な船団は、グラブ浚渫船と土運船のみで構成される。

(4) グラブ浚渫後の出来形確認測量には、原則として音響測探機は使用できない。

解説 グラブ浚渫船は、岸壁などの構造物前面の浚渫や狭い場所での浚渫にも使用できる。
非航式グラブ浚渫船の標準的な船団は、グラブ浚渫船、引き船、土運船及び揚錨船の組合せで構成される。
グラブ浚渫後の出来形確認測量には、原則として音響測探機を使用し、工事現場にグラブ浚渫船がいる間に行う。　　　　　解答 (1)

問8　浚渫工事の施工　H28-No.26　　　➡ 4 浚渫

浚渫工事の施工に関する次の記述のうち、適当なものはどれか。

(1) 余掘は、計画した浚渫の面積を一定にした水深に仕上げるために必要である。

(2) グラブ浚渫船は、岸壁など構造物前面の浚渫や狭い場所での浚渫には使用できない。

(3) 浚渫後の出来形確認測量には、原則として音響測深機は使用できない。

(4) ポンプ浚渫船は、グラブ浚渫船に比べ底面を平坦に仕上げるのが難しい。

解説 グラブ浚渫船は、岸壁など構造物前面の浚渫や狭い場所での浚渫にも使用できる。
グラブ浚渫後の出来形確認測量には、原則として音響測探機を使用し、工事現場にグラブ浚渫船がいる間に行う。
グラブ浚渫船は、ポンプ浚渫船に比べ底面を平坦に仕上げるのが難しい。　　　　　解答 (1)

第8章 鉄道・地下構造物

選択 問題

1 鉄道工事

出題頻度 ★ ☆ ☆

● 盛土の施工

[**盛土の区分**] 盛土は、施工基面から3mまでの部分を上部盛土、その下を下部盛土と区分される。上部盛土には路盤部分を含めない。

[**盛土の締固め**] 上部盛土の締固め程度は、水平載荷試験によるK30値で70MN/m³以上とする。下部盛土は最大乾燥密度の90%以上となるように締め固める。

[**盛土材料**] 現場発生土のうち、鉄道盛土としてそのまま使用可能な土質区分は、第1種建設発生土及び第2種建設発生土である。なお、第3種、第4種建設発生土においても適切な土質改良（含水比低下、粒度調整、機能付加・補強、安定処理など）を行えば使用可能となる。

● 路床・路盤の施工

[**路床の切土**] 路床は、一般に列車荷重の影響が大きい施工基面から3mまでのうち、路盤を除いた範囲を指す。

　路床面の仕上り高さは、設計高さに対して±15mmとし、できるだけ平坦に仕上げる。また、路床表面は、排水工設置位置に向かって3%程度の適切な勾配を設ける。

[**路盤の種類**]
- 強化路盤（砕石路盤）：盛土の上に粒度調整砕石または粒度調整高炉スラグ砕石を用いる。上部はアスファルトコンクリートとする。
- 強化路盤（スラグ路盤）：盛土の上に水硬性粒度調整高炉スラグを用いる。
- 土路盤：良質な土、クラッシャランなどを用いる。

[**強化路盤の締固め**] 強化路盤の締固めは含水比が大きく影響するので、

水硬性粒度調整高炉スラグ砕石を用いる場合、締固めに適した8〜12％程度の含水比を確保する。

[土路盤の材料]　土路盤の材料は、支持力が大きく振動や流水に対して安定性が高く噴泥が生じにくい**クラッシャラン**などを用いるものとする。

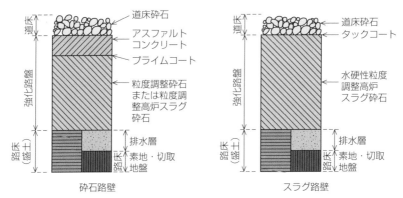

● 強化路盤の例

[コンクリート路盤]　コンクリート路盤は、粒度調整砕石とコンクリート版で構成される。コンクリートの打設は、横流しを避けてコンクリートを流さないようにする。コンクリートの打設は低い方から高い方へ均等に打設する。

▶ 軌道の施工・維持管理

[軌間整正の施工]　軌間整正の施工において、基準側は直線区間では路線の終点に向かって左側のレールを原則とし、曲線区間では**外軌側レール**とする。

[枕木の交換方法]　手作業による枕木の交換方法は、レールをジャッキアップして枕木の出し入れを行うことで道床の掘削が少ないこう上法を用いる。

[道床の交換方法]　道床の交換方法は、一般的に間送りA方法と間送りB方法が採用されているが、路線閉鎖間合いが十分確保できる区間においては、こう上法を適用することもある。

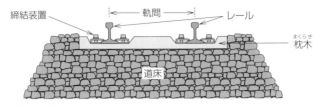

● 道床（バラスト軌道）

［道床の突き固め］ 道床の突き固めは、原則としてタイタンバーを使用し、枕木端部及び中心部を突き固めないよう留意する。道床の交換箇所と未施工箇所との境界部分は特に入念に行う。

［レールの交換］ レールの交換は、施工に先立ち、新レールは建築限界を支障しないようレール受け台に配列し、仮止めをしておく。

［脱線防止レールと脱線防止ガード］ 脱線防止レール、脱線防止ガードの取り付けは、主に曲線区間のレールの内側に取り付けられるものである。

2 営業線の近接工事 出題頻度 ★★★

▶ 工事従事者の保安対策

［鉄道工事従事者］ 鉄道工事従事者は、常に事故防止に留意するとともに、事故発生または事故発生のおそれがある場合は、直ちに列車などの防護の手配をし、関係各所に連絡しなければならない。

［建築限界確認者］ 建築限界確認者は、工事終了後に路線閉鎖解除前及び列車退避時に指定された範囲における支障物と作業員の限界外への退出について確認を行い、工事管理者に報告する。

［工事管理者］ 工事専用踏切、工事用仮通路の使用及び点検は工事管理者が周知するものとし、使用しないときは、遮断機を鎖錠し、鍵は工事管理者が保管する。

［保守用車の運転］ 路線上で保守用車を運転する工事従事者は、「保守用車使用手続き」「路線閉鎖工事等要領」により事故防止教育を受講していなければならない。

▶ 近接工事の保安対策

[移設、建植] 地下埋設物及び架空線などの移設、防護柵工及び標識類の建植を行う場合は、それらの工事が完了した後でなければ工事を施工できない。

[事故防止対策] 事故防止対策には、事故防止対策一覧図を添付する。駅構内で工事に関係ある複雑なケーブル配線図などは、配線系統ごとに色分けした一覧図を作成する。

営業線近接作業では、ブームの位置関係を明確にして、き電線に2m以内に接近しない処置を施して使用する。

昼間の工事現場では、事故発生のおそれのある場合の列車防護の方法として、緊急の場合で信号炎管などのないときには、列車に向かって赤色旗または緑色旗以外の物を急激に振って、これに代えてもよい。

列車の振動や風圧などによって、不安定、危険な状態になるおそれのある工事は、列車接近時から通過するまで、施工を一時中止する。

[埋設物] 掘削、杭打ち、道床交換等、埋設物が支障となるおそれのある工事は、あらかじめ監督員などに立合いを要請し、支障がないことを確認して施工する。

[架空線の異常] 架空線に異常を認めた場合、もしくは疑わしい場合は、直ちに施工を中止し、列車防護及び旅客公衆などの安全確保の手配をして、関係各所に連絡する。

▶ 路線下横断工事の保安対策

[施工管理者の資格] 路線下横断工の施工にあたっては、安全性の確保のために施工管理者を現場に常駐させなければならない。また、2年以上の路線下横断工事を含む5年以上の営業線近接工事の実務経験を有するものでなければならない。

[現場の管理体制] 路線下横断工事の施工時には、軌道、路盤、周辺地盤、近接構造物などに支障を与えることのないように、沈下、傾斜、変位などの測定項目を定め精度の高い計測を行わなければならない。

また、計測中に管理基準を超えた場合に備え、速やかな対策が可能な連絡体制を確立しなければならない。

[仮設エレメントの貫入期間] 列車荷重を受ける仮設エレメントの貫入期間中は、路盤の隆起、陥没、出水、軌道状態を常時監視・測定する必要があり、異常が認められた場合は速やかに必要な対策を講じるものとする。

3 地下構造物のシールド工法 出題頻度 ★★★

● シールド工法

■ シールド工法の種類

シールド形式	シールド工法	切羽の安定方法
密閉型（切羽と作業室分離は分離）	土圧式シールド	土圧
		泥土圧
	泥水式シールド	泥水
部分開放型	ブラインド式	自立、補助工法
全面開放型（開放状態の切羽を掘削）	手掘り式シールド	〃
	半機械掘り式シールド	〃
	機械掘り式シールド	〃

[密閉型シールド工法の概要]

密閉型シールド工法は、切羽の掘削と推進を同時に行う工法で、切羽と作業室は分離されている。掘削時、切羽の安定方法によって**土圧式シールド**、**泥水式シールド**に分けられる。開放型シールド工法に比べ、推進施設の規模は大きいが、土砂搬出の施工性に優れているため長距離推進に適している。

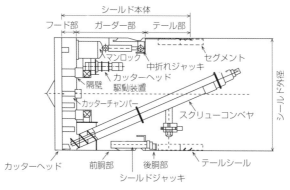

● 土圧式シールド

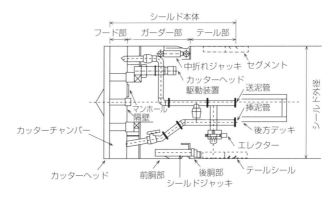

● 泥水式シールド

［開放型シールド工法の概要］

　開放型シールド工法は、開放状態の切羽を直接掘削する方法で、切羽の自立が条件となる。自立が難しい場合は、補助工法の併用が必要である。密閉型シールド工法に比べ、推進施設の規模が小さく簡易であることから主に短距離推進に適している。

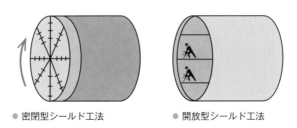

● 密閉型シールド工法　　　● 開放型シールド工法

4　地下構造物のシールド施工　　出題頻度 ★★★

▶ シールド施工時の留意事項

　［土圧式シールドの切羽の安定管理］　切羽の状態は、隔壁に設置した土圧計で確認するのが一般的である。安定状態の確認は、**泥土圧**の管理、**土の塑性流動性**管理、**排土量**管理による。

　［土圧式シールドの排土量管理］　排土量管理は、掘削土砂を切羽と隔壁間に充満させカッターチャンバー内の圧力で排土量を計測して管理する。

［土圧式シールドの添加材］ 砂層や砂礫層を掘削する場合、掘削土砂の塑性流動性を高め、止水性を高める泥土にするために、添加材を用い強制的に撹拌し塑性流動性を高める。また、粘性土層の掘削の場合は、カッターチャンバー、カッターヘッドへ掘削土砂が付着するのを防止するために添加材を用いる。

［チャンバー圧の管理］ 土圧式シールドや泥水式シールドでは、切羽土圧や水圧に対しチャンバー圧が小さい場合に地盤沈下や切羽の崩壊が生じることがある。逆に大きい場合は地盤隆起が生じることがある。このため、チャンバー圧の管理は入念に行う。

［裏込め注入］ テールボイド（テール部がセグメントを抜けるときに生じるセグメントと地山との空隙）の発生や裏込め注入材が不足した場合、地盤沈下の原因になる。充填性と早期強度の発現性に優れた裏込め材を用いて、シールド掘進と同時に裏込め注入を行う。

問1 鉄道の道床　H30-後No.27
⇒ 1 鉄道工事

　鉄道の道床バラストに関する次の記述のうち、道床バラストに砕石が使われる理由として適当でないものはどれか。

(1)　荷重の分布効果に優れている。
(2)　列車荷重や振動に対して崩れにくい。
(3)　保守の省力化に優れている。
(4)　枕木の移動を抑える抵抗力が大きい。

> 解説　道床バラストで使われる砕石は、軌道の整正やバラストのふるい分けなどの保守作業に人員を要することから、保守の省力化に優れているとはいえない。　　　　　　　　　　　　　　　　　　　　　解答　(3)

問2 鉄道の軌道　H30-前No.27
⇒ 1 鉄道工事

　鉄道の軌道に関する「用語」と「説明」との次の組合せのうち、適当なものはどれか。

　　　［用語］　　　　　　　　　　　　　［説明］
(1)　ロングレール ……………… 長さ200m以上のレール
(2)　定尺レール ………………… 長さ30mのレール
(3)　軌間 ………………………… 両側のレール頭部中心間の距離
(4)　レールレベル（RL）……… 路盤の高さを示す基準面

> 解説　定尺レールは、1本の長さが20m（30kgレール）、あるいは25m（37～60kgレール）の標準長をいう。
> 軌間は、両側レール頭部内側の最短距離をいう。
> レールレベル（RL）は、レール頭部の高さをいう。　　　　　　解答　(1)

問3 **営業線の近接工事** **R1-後 No.28** ⇒ 2 営業線の近接工事

　鉄道（在来線）の営業線内及びこれに近接した工事に関する次の記述のうち、適当でないものはどれか。

(1)　工事管理者は、「工事管理者資格認定証」を有する者でなければならない。

(2)　営業線に近接した重機械による作業は、列車の近接から通過の完了まで作業を一時中止する。

(3)　工事場所が信号区間では、バール・スパナ・スチールテープなどの金属による短絡（ショート）を防止する。

(4)　複線以上の路線での積下ろしの場合は、列車見張員を配置し車両限界をおかさないように材料を置く。

> 解説　複線以上の路線での積下ろしの場合は、列車見張員を配置し車両限界をおかさないように引綱、杭などで表示して材料を置く。　　解答　(4)

問4 **工事保安体制** **H30-後 No.28** ⇒ 2 営業線の近接工事

　営業線内工事における工事保安体制に関する次の記述のうち、工事従事者の配置について適当でないものはどれか

(1)　工事管理者は、工事現場ごとに専任の者を常時配置しなければならない。

(2)　線閉責任者は、工事現場ごとに専任の者を常時配置しなければならない。

(3)　軌道工事管理者は、工事現場ごとに専任の者を常時配置しなければならない。

(4)　列車見張員及び特殊列車見張員は、工事現場ごとに専任の者を配置しなければならない。

> 解説　路線閉鎖工事施工時や保守用車両を使用する場合に配置する線閉責任者は、工事現場ごとに専任の者を常時配置する必要はない。　　解答　(2)

シールド工法に関する次の記述のうち、適当でないものはどれか。

(1) 泥水式シールド工法は、巨礫の排出に適している工法である。

(2) 土圧式シールド工法は、切羽の土圧と掘削土砂が平衡を保ちながら掘進する工法である。

(3) 土圧シールドと泥土圧シールドの違いは、添加材注入装置の有無である。

(4) 泥水式シールド工法は、切削された土砂を泥水とともに坑外まで流体輸送する工法である。

> 解説 泥水式シールド工法は、砂礫、砂、シルト、粘土などに適している工法で、巨礫の排出に適していない。
>
> 解答 (1)

シールド工法に関する次の記述のうち、適当でないものはどれか。

(1) シールド工法は、開削工法が困難な都市の下水道、地下鉄、道路工事などで多く用いられる。

(2) 開放型シールドは、フード部とガーダー部が隔壁で仕切られている。

(3) シールド工法に使用される機械は、フード部、ガーダー部、テール部からなる。

(4) 発進立坑は、シールド機の掘削場所への搬入や掘削土の搬出などのために用いられる。

> 解説 開放型シールドは、切羽面の全部または大部分が解放されている工法で、フード部とガーダー部の隔壁を設けない。
>
> 解答 (2)

問7 シールド工事 H30-前No.29 → 4 地下構造物のシールド工事

シールドトンネル工事に関する下記の文章の　　　　　の（イ）、（ロ）に当てはまる次の語句の組合せのうち、**適当なもの**はどれか。

「シールド工法は、シールド機前方で地山を掘削しながらセグメントをシールドジャッキで押すことにより推力を得るものであり、シールドジャッキの選定と　(イ)　は、シールドの操向性、セグメントの種類及びセグメント　(ロ)　の施工性などを考慮して決めなければならない。」

(イ)　　　　　　　　(ロ)

(1)　ストローク ……… 製作
(2)　配置 ……………… 組立て
(3)　配置 ……………… 製作
(4)　ストローク ……… 組立て

> 解説　シールドジャッキの選定と　(イ)配置　は、シールドの操向性、セグメントの種類及びセグメント　(ロ)組立て　の施工性などを考慮して決めなければならない。　　　　　　　　　　　　　　　　解答　(2)

問8 シールド工事 H22-No.29 → 4 地下構造物のシールド工事

シールド工法の施工に関する次の記述のうち、**適当でないもの**はどれか。

(1)　シールドのテール部は、コンクリートや鋼材などで作ったセグメントを組み立てし、トンネル空間を確保する覆工作業を行う部分である。
(2)　土圧式シールドは、カッターで掘削時の切羽の安定を保持するため一般的には圧気工法が用いられる。
(3)　セグメントを組み立てしてシールド推進後は、セグメントの外周に空隙が生じるため速やかにモルタルなどの裏込め材を注入する。
(4)　泥水式シールドは、泥水を循環させ切羽の安定を保つと同時に、カッターで切削された土砂を泥水とともに坑外まで流体輸送する。

> 解説　土圧式シールドは、カッターで掘削時の切羽の安定を保持するため一般的には圧気工法を用いない。　　　　　　　　　　　　　　　　解答　(2)

第9章 上・下水道

選択 問題

1 上水道

出題頻度 ★★☆

▶ 上水道の施工

［試掘調査］ 施工に先立ち、地下埋設物の位置などを確認するために試掘調査を行う。

　試掘調査では、掘削中に埋設構造物に損傷を与えないように原則として人力で掘削する。

［配水管の埋設深さ］ 配水管の埋設深さ（管の頂部と道路面との距離、土かぶり）は、1.2m以下としない。また、やむを得ない場合でも0.6m以下としない。

　管径300mm以下の鋼管を布設する場合の埋設深さは、道路舗装厚に0.3mを加えた値以下としない。ただし、0.6mに満たない場合は0.6m以下にしない。

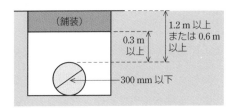

● 配水管の埋設深さ

［他の埋設物との離隔距離］ 配水管を他の埋設物と近接して埋設する場合、維持補修の施工性や事故発生の防止などから0.3m以上の離隔距離を確保する。

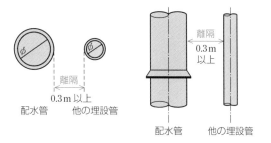

● 配水管の離隔

[管の布設方向] 配水管の布設は、原則として低所から高所へ向かい布設する。受口のある管は受口を高所に向けて配管する。

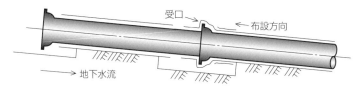

● 布設方向

[管の据付け] 配水管の据付けにあたっては管内を十分に清掃し、正確に据え付ける。

ダクタイル鋳鉄管などは管径、年号の記号を上に向けて据え付ける。掘削溝内への吊り下ろしは、溝内の吊り下ろし場所に作業員を立ち入らせないで管を誘導しながら設置する。

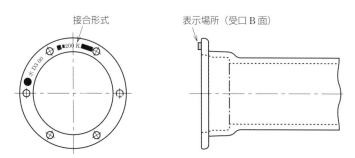

● 接合形式などの表示場所

[管の曲げ配管] 直管と直管の継手箇所では一般的に強度が劣るため、角度を取る曲げ配管は行ってはならない。

［埋戻し］ 埋戻しは片埋めにならないように注意し、<u>厚さ30 cm以下</u>となるように敷均しを行い、現地盤と同等以上の密度となるように締固めを行う。

［管路の水圧試験］ 継手の水密性を確認するために、配管終了後は原則として管内に充水し管路の水圧試験を行う。管径が800 mm以上の鋳鉄管継手は、原則として<u>監督員立合い</u>のうえ<u>継手ごと</u>に内面から**テストバンド**で水圧試験を行う。

［軟弱地盤での施工］ 将来、管路が不同沈下を起こすおそれがある軟弱地盤に管を布設する場合は、地盤状況や管路沈下量を検討し、適切な管種、継手、施工方法を用いる。

軟弱層が浅い地盤に管を布設する場合は、管の重量、管内水重、埋戻し土圧などを考慮して、<u>沈下量を推定したうえで施工</u>する。

軟弱層が深い地盤に管を布設する場合は、薬液注入工法、サンドドレーン工法などにより**地盤改良**を行うことが必要である。

2 下水道

出題頻度 ★★☆

● 管径が変化する管渠の接合

［水面接合］ 水面接合は、上下流管渠 の計画水面を一致させて接合する、<u>水理 学的には良好な接合方法</u>である。

［管中心接合］ 管中心接合は、上下流 管渠の管中心部の高さを合わせて接合す る方法である。

［管頂接合］ 管頂接合は、上下流管渠 の管頂の高さを合わせて接合する方法で ある。水の流れが円滑で水理学的には安 全であるが、管渠の埋設深さが増して<u>建 設費がかさみ</u>、ポンプ排水の場合にはポ ンプの揚程が増す。

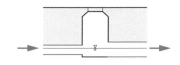

● 水面接合

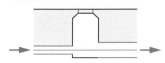

● 管中心接合

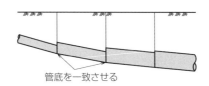

● 管頂接合

[**管底接合**]　管底接合は、上下流管渠の管底の高さを合わせて接合する方法である。管の埋設深さが浅くなるので工事費が安価になる。ポンプ排水の場合は有利になるが、上流部で動水勾配線が管頂より高くなる場合がある。

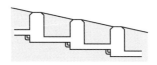

● 管底接合

[**段差接合**]　段差接合は、地表面勾配が急な場合に用いる接合方法である。マンホール内で段差を付け、段差は1箇所当たり1.5m以内が望ましい。また、0.6m以上となる場合は原則として副管を設けるものとする。

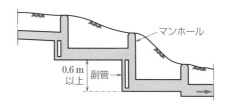

● 段差接合

[**階段接合**]　階段接合は、地表面勾配が急な場合に用いる接合方法である。大口径の管渠や現場打ち管渠に用いる。階段の高さは、1段当たり0.3m以内とするのが望ましい。

● 階段接合

▶ 管渠の基礎工法

硬質塩化ビニル管、強化プラスチック複合管などの可とう性管渠の場合は、原則として**自由支承の砂または砕石基礎**とする。

[砂・砕石基礎] 砂・砕石をまんべんなく管渠に密着するように締め固め、支持する。比較的地盤がよい場合に用いられる。

[コンクリート基礎] 無筋及び鉄筋コンクリートで作られる管渠の基礎は、地盤が軟弱な場合や外力が大きい場合に用いられる。

[はしご胴木基礎] 地盤が軟弱な場合や荷重が不均等な場合に用いられ、木材をはしご状に並べて管渠を支持する。

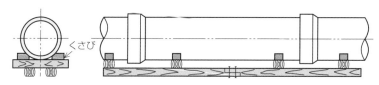

● はしご胴木基礎

[鳥居基礎] 鳥居基礎は、軟弱地盤、他の基礎工法では地耐力を期待できない場合に用いる。上図のはしご胴木基礎に木杭を加えて支持させる。

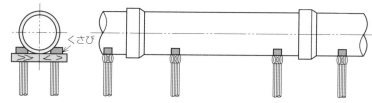

● 鳥居基礎

過去問チャレンジ（章末問題）

問1 　上水道の管布設工　R1-後 No.30　　⇒1 上水道の施工

上水道の管布設工に関する次の記述のうち、適当でないものはどれか。

(1) 管の布設にあたっては、受口のある管は受口を高所に向けて配管する。

(2) 鋳鉄管の切断は、直管及び異形管ともに切断機で行うことを標準とする。

(3) ダクタイル鋳鉄管の据付けにあたっては、管体の表示記号を確認するとともに、管径、年号の記号を上に向けて据え付ける。

(4) 管周辺の埋戻しは、片埋めにならないように敷き均して現地盤と同程度以上の密度となるように締め固める。

> **解説** 鋳鉄管の切断は切断機で行うことを標準とし、異形管の切断は行わない。　　　　　　　　　　　　　　　　　　　　**解答 (2)**

問2 　上水道の管布設工　H29-後 No.30　　⇒1 上水道の施工

上水道の管渠の施工に関する次の記述のうち、適当でないものはどれか。

(1) 管周辺の埋戻しは、現地盤と同程度以上の密度になるように管の側面を片側ずつ完了させる。

(2) 管の据付けは、水平器、水糸などを使用し、中心線及び高低を確定して正確に据え付ける。

(3) 管の据付けは、施工前に管体検査を行い、亀裂その他の欠陥がないことを確認する。

(4) 塩化ビニル管の積み下ろしや運搬では、放り投げたりしないで慎重に取り扱う。

> **解説** 管周辺の埋戻しは、現地盤と同程度以上の密度になるように、管の両面を均等に埋め戻していく。　　　　　　　　　　　　**解答 (1)**

上水道の導水管布設に関する次の記述のうち、適当でないものはどれか。

(1)　急勾配の道路に沿って管を布設する場合には、管体のずり上がり防止のための止水壁を設ける。

(2)　傾斜地などの斜面部でほぼ等高線に沿って管を布設する場合には、法面防護、法面排水などに十分配慮する。

(3)　軟弱地盤に管を布設する場合には、杭打ちなどにより管の沈下を抑制する。

(4)　砂質地盤で地下水位が高く、液状化の可能性が高いと判断される場所では、必要に応じ地盤改良などを行う。

解説　急勾配の道路に沿って管を布設する場合には、管体の滑動防止、埋戻し土の流出防止のための止水壁を設ける。　　　　　解答　(1)

上水道に用いる配水管の種類と特徴に関する次の記述のうち、適当でないものはどれか。

(1)　ステンレス鋼管は、ライニングや塗装を必要とする。

(2)　鋼管は、溶接継手により一体化でき、地盤の変動には管体の強度及び変形能力で対応する。

(3)　ダクタイル鋳鉄管は、管体強度が大きく、じん性に富み、衝撃に強い。

(4)　硬質ポリ塩化ビニル管は、耐食性に優れ、重量が軽く施工性に優れる。

解説　ステンレス鋼管は、強度が大きく耐久性があるのでライニングや塗装を必要としない。　　　　　解答　(1)

問5　上水道に用いる管の継手　H30-前No.30　⇒1上水道の施工

　上水道に用いる配水管と継手の特徴に関する次の記述のうち、**適当なもの**はどれか。

(1)　鋼管に用いる溶接継手は、管と一体化して地盤の変動に対応できる。

(2)　硬質塩化ビニル管は、質量が大きいため施工性が悪い。

(3)　ステンレス鋼管は、異種金属と接続させる場合は絶縁処理を必要としない。

(4)　ダクタイル鋳鉄管に用いるメカニカル継手は、伸縮性や可とう性がないため地盤の変動に対応できない。

> 解説　硬質塩化ビニル管は、重量が軽く施工性がよい。
> ステンレス鋼管は、異種金属と接続させる場合は絶縁処理を必要とする。
> ダクタイル鋳鉄管に用いるメカニカル継手は、伸縮性や可とう性があるため地盤の変動に対応できる。　　　　解答　(1)

問6　管渠の接合方法　H30-後No.31　⇒2下水道の施工

　下水道管渠の接合方式に関する次の記述のうち、**適当でないもの**はどれか。

(1)　水面接合は、管渠の中心を一致させ接合する方式である。

(2)　管頂接合は、管渠の内面の管頂部の高さを一致させ接合する方式である。

(3)　段差接合は、特に急な地形などでマンホールの間隔などを考慮しながら、階段状に接合する方式である。

(4)　管底接合は、管渠の内面の管底部の高さを一致させ接合する方式である。

> 解説　水面接合は、管渠内の計画水位を一致させ接合する方式である。
> 　　　　解答　(1)

下図の概略図に示す下水道の遠心力鉄筋コンクリート管（ヒューム管）の（イ）〜（ハ）の継手の名称に関する次の組合せのうち、**適当なもの**はどれか。

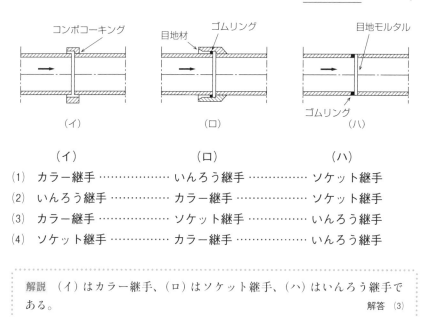

	（イ）	（ロ）	（ハ）
(1)	カラー継手	いんろう継手	ソケット継手
(2)	いんろう継手	カラー継手	ソケット継手
(3)	カラー継手	ソケット継手	いんろう継手
(4)	ソケット継手	カラー継手	いんろう継手

解説　（イ）はカラー継手、（ロ）はソケット継手、（ハ）はいんろう継手である。　　　　　　　　　　　　　　　　　　　　　　　　　　　　解答　(3)

下水道管渠の剛性管の施工における「地盤の土質区分」と「基礎工の種類」に関する次の組合せのうち、**適当でないもの**はどれか。

	［地盤の土質区分］	［基礎工の種類］
(1)	非常に緩いシルト及び有機質土	はしご胴木基礎
(2)	シルト及び有機質土	コンクリート基礎
(3)	硬質粘土、礫混じり土及び礫混じり砂	鉄筋コンクリート基礎
(4)	砂、ローム及び砂質粘土	枕木基礎

解説　硬質粘土、礫混じり土及び礫混じり砂の地盤では、砂基礎、砕石基礎が用いられる。コンクリート基礎は、非常に緩いシルト及び有機質土などで用いられる。　　　　　　　　　　　　　　　　　　　　　解答　(3)

問9　下水道の耐震性能　R1-後No.31　　　　　➡ 2 下水道の施工

　下水道管路の耐震性能を確保するための対策に関する次の記述のうち、<u>適当でないもの</u>はどれか。

(1)　マンホールと管渠との接続部における可とう継手の設置。

(2)　応力変化に抵抗できる管材などの選定。

(3)　マンホールの沈下のみの抑制。

(4)　埋戻し土の液状化対策。

解説　マンホールの耐震対策としては、沈下のみの抑制ではなく<u>浮上抑制</u>である。　　　　　　　　　　　　　　　　　　　　　　　　　解答　(3)

問10　下水道の耐震性能　H26-No.31　　　　　➡ 2 下水道の施工

　下水道管渠などの耐震性能を確保するための対策に関する次の記述のうち、<u>適当でないもの</u>はどれか。

(1)　マンホールと管渠との接続部に剛結合式継手の採用。

(2)　セメントや石灰などによる地盤改良の採用。

(3)　応力変化に抵抗できる管材などの採用。

(4)　耐震性を考慮した管渠の更生工法の採用。

解説　マンホールと管渠との接続部には、<u>可とう性継手</u>などを採用する。　　　　　　　　　　　　　　　　　　　　　　　　　　　　解答　(1)

Ⅲ部

選択 問題

建設法規・法令

第1章

労働基準法

選択 問題

1 労働契約・雑則

出題頻度 ★★

▶ 労働契約に関する条項

[第13条：この法律違反の契約] 就業規則が法令または労働協約に反する場合には、労働者との間の労働契約については、適用しない。

[第14条：契約期間等] 一定の事業の完了に必要な期間を定めるもののほかは、3年を超える期間について締結してはならない。専門知識などのある労働者については5年である。

[第15条：労働条件の明示] 使用者は、労働契約の締結の際し、労働者に対して賃金、労働時間その他の労働条件を明示しなければならない。

[第16条：賠償予定の禁止] 使用者は、労働契約の不履行について違約金を定め、または損害賠償額を予定する契約をしてはならない。

[第17条：前借金相殺の禁止] 使用者は、前借金その他労働することを条件とする前貸の債権と賃金を相殺してはならない。

[第18条：強制貯金] 使用者は、労働契約に附随して貯蓄の契約をさせ、または貯蓄金を管理する契約をしてはならない。

[第19条：解雇制限] 使用者は、労働者が業務上負傷し、または疾病にかかり療養のために休業する期間及びその後30日間は、原則として解雇してはならない。

[第20条：解雇の予告] 使用者は、労働者を解雇しようとする場合においては、少なくとも30日前にその予告をしなければならない。30日前に予告をしない場合は、30日分以上の平均賃金を原則として支払わなければならない。

[第22条：退職時等の証明] 労働者が、退職の場合において、使用期間、業務の種類、賃金などについて証明書を請求した場合は、使用者は遅滞なくこれを交付しなければならない。

[**第23条：金品返還**] 使用者は、労働者の死亡または退職の場合において、権利者の請求があった場合においては、7日以内に賃金を支払い、積立金、保証金、貯蓄金その他名称の如何を問わず、労働者の権利に属する金品を返還しなければならない。

2 労働時間 出題頻度 ★★☆

▶ 労働時間に関する条項

[**第32条：労働時間**] 使用者は、原則として、1日に8時間、1週間に40時間を超えて労働させてはならない。

[**第33条：災害等による臨時の必要がある場合の時間外労働等**] 災害その他避けることのできない事由によって、臨時の必要がある場合においては、使用者は、行政官庁の許可を受けて、その必要の限度において労働時間を延長し、または休日に労働させることができる。ただし、事態急迫のために行政官庁の許可を受ける暇がない場合においては、事後に遅滞なく届け出なければならない。

[**第34条：休憩**] 使用者は、労働時間が6時間を超える場合は45分以上、8時間を超える場合は1時間以上の休憩を与えなければならない。

[**第35条：休日**] 使用者は、少なくとも毎週1日の休日か、4週間を通じて4日以上の休日を与えなければならない。

[**第36条：時間外及び休日の労働**] 使用者は、当該事業場に、労働者の過半数で組織する労働組合がある場合においてはその労働組合、労働者の過半数で組織する労働組合がない場合においては労働者の過半数を代表する者との書面による協定をし、厚生労働省令で定めるところによりこれを行政官庁に届け出た場合においては、労働時間または休日に関する規定にかかわらず、その協定で定めるところによって労働時間を延長し、または休日に労働させることができる。

[**第37条：時間外、休日及び深夜の割増賃金**] 使用者が、労働時間を延長し、または休日に労働させた場合においては、その時間またはその日の労働については、通常の労働時間または労働日の賃金の計算額の2割5分以上5割以下の範囲内でそれぞれ政令に定める率以上の率で計算した割増賃金を支

払わなければならない。ただし、当該延長して労働させた時間が1カ月につ
いて60時間を超えた場合においては、その超えた時間の労働については、
通常の労働時間の賃金の計算額の5割以上の率で計算した割増賃金を支払わ
なければならない。

[**第39条：年次有給休暇**] 使用者は、その雇い入れの日から起算して6カ
月間継続勤務し全労働日の8割以上出勤した労働者に対して、継続し、また
は分割した10労働日の有給休暇を与えなければならない。

3 年少者・妊産婦等 出題頻度 ★★★

▶ 年少者に関する条項

[**第56条：最低年齢**] 使用者は、児童が満15歳に達した日以後の最初の3
月31日が終了するまで、これを使用してはならない。

[**第57条：年少者の証明書**] 使用者は、満18歳に満たない者について、そ
の年齢を証明する戸籍証明書を事業場に備え付けなければならない。修学に
差し支えないことを証明する学校長の証明書及び親権者または後見人の同意
書を事業場に備え付けなければならない。

[**第58条：未成年者の労働契約**] 親権者または後見人は、未成年者に代わ
って労働契約を締結してはならない。

[**第61条：深夜業**] 使用者は、満18歳に満たない者を午後10時から午前5
時までの間において使用してはならない。ただし、交替制によって使用する
満16歳以上の男性については、この限りでない。

[**第62条：危険有害業務の就業制限**] 使用者は、満18歳に満たない者に、
運転中の機械もしくは動力伝導装置の危険な部分の掃除、注油、検査もしく
は修繕をさせ、運転中の機械もしくは動力伝導装置にベルトもしくはロープ
の取り付けもしくは取り外しをさせ、動力によるクレーンの運転をさせ、そ
の他厚生労働省令で定める危険な業務に就かせ、または厚生労働省令で定め
る重量物を取り扱う業務に就かせてはならない。

　使用者は、満18歳に満たない者を、毒劇薬、毒劇物その他有害な原料もし
くは材料または爆発性、発火性もしくは引火性の原料もしくは材料を取り扱
う業務、著しくじんあいもしくは粉末を飛散し、もしくは有害ガスもしくは

有害放射線を発散する場所または高温もしくは高圧の場所における業務その他安全、衛生または福祉に有害な場所における業務に就かせてはならない。

［第63条：坑内労働の禁止］ 使用者は、満18歳に満たない者を坑内で労働させてはならない。

［第64条：帰郷旅費］ 満18歳に満たない者が解雇の日から14日以内に帰郷する場合においては、使用者は、必要な旅費を負担しなければならない。ただし、満18歳に満たない者がその責めに帰すべき事由に基づいて解雇され、使用者がその事由について行政官庁の認定を受けたときは、この限りでない。

▶ 妊産婦に関する条項

［第64条の2：坑内業務の就業制限（妊産婦等）］ 使用者は、妊娠中の女性及び坑内で行われる業務に従事しない旨を使用者に申し出た産後一年を経過しない女性を、坑内で行われるすべての業務に就かせてはならない。

［第64条の3：危険有害業務の就業制限（妊産婦等）］ 使用者は、妊娠中の女性及び産後1年を経過しない女性（妊産婦）を、重量物を取り扱う業務、有害ガスを発散する場所における業務その他妊産婦の妊娠、出産、哺育などに有害な業務に就かせてはならない。

［第65条：産前産後（産休等）］ 使用者は、6週間（多胎妊娠の場合にあっては、14週間）以内に出産する予定の女性が休業を請求した場合においては、その者を就業させてはならない。

4 賃金

▶ 賃金に関する条項

[第11条：賃金の定義] この法律で賃金とは、賃金、給料、手当、賞与その他名称の如何を問わず、労働の対償として使用者が労働者に支払うすべてのものをいう。

[第12条：平均賃金の定義] この法律で平均賃金とは、これを算定すべき事由の発生した日以前3カ月間にその労働者に対し支払われた賃金の総額を、その期間の総日数で除した金額をいう。

[第24条：賃金の支払] 賃金は、通貨で、直接労働者に、その全額を支払わなければならない。

[第25条：非常時払] 使用者は、労働者が出産、疾病、災害その他厚生労働省令で定める非常の場合の費用に充てるために請求する場合においては、支払期日前であっても、既往の労働に対する賃金を支払わなければならない。

[第26条：休業手当] 使用者の責に帰すべき事由による休業の場合においては、使用者は、休業期間中当該労働者に、その平均賃金の100分の60以上の手当を支払わなければならない。

> **point ☞ ワンポイントアドバイス**
>
> **補償の例外**
> 第78条には「労働者が重大な過失によって業務上負傷し、または疾病にかかり、かつ使用者がその過失について行政官庁の認定を受けた場合においては、休業補償または障害補償を行わなくてもよい」との記述がある。

[第27条：出来高払制の保障給] 出来高払制その他の請負制で使用する労働者については、使用者は、労働時間に応じ一定額の賃金の保障をしなければならない。

平均賃金の $\frac{60}{100}$

休業補償

過去問チャレンジ（章末問題）

問1 災害補償　H29-前 No.33　　　➡1労働契約・雑則

労働者が業務上負傷し、または疾病にかかった場合の災害補償に関する次の記述のうち、労働基準法上、**正しいもの**はどれか。

(1) 使用者は、労働者の療養期間中の平均賃金の全額を休業補償として支払わなければならない。

(2) 使用者は、労働者が治った場合、その身体に障害が残ったとき、その障害が重度な場合に限って障害補償を行わなければならない。

(3) 使用者は、労働者が重大な過失によって業務上負傷し、かつ使用者がその過失について行政官庁の認定を受けた場合においては、障害補償を行わなければならない。

(4) 使用者は、療養補償により必要な療養を行い、または必要な療養の費用を負担しなければならない。

解説 (1) 使用者の責に帰すべき事由による休業の場合において、使用者は休業期間中当該労働者に、その平均賃金100分の60以上の手当を支払わなければならない。

(2) 障害補償は障害の程度に応じて、平均賃金に所定の日数を乗じた額を障害補償として支払わなければならない。

(3) 労働者が重大な過失によって業務上負傷し、労働基準監督署長が認定したときは障害補償を行わなくてもよい。　　　　　解答 (4)

問2 解雇の制限　H22-No.33　　　➡1労働契約・雑則

労働基準法上、労働者の解雇の制限に関する次の記述のうち、**正しいもの**はどれか。

(1) やむを得ない事由のために事業の継続が不可能となった場合以外は、業務上の負傷で3年間休業している労働者を解雇してはならない。

III 建設法規・法令　183

⑵　やむを得ない事由のために事業の継続が不可能となった場合以外は、産前産後の女性を休業の期間及びその後30日間は解雇してはならない。

⑶　日日雇い入れられる者や期間を定めて使用される者など、雇用契約条件の違いにかかわりなく、予告をしないで解雇してはならない。

⑷　労働者の責に帰すべき事由に基づいて解雇する場合においては、少なくとも30日前に予告しなければ解雇してはならない。

解説　⑴ 労働基準法第19条（解雇制限）より誤り。労働者が業務上負傷し、または疾病にかかり、療養開始後3年を経過しても治らない場合は、使用者は平均賃金の1,200日分の打切補償を行えば、その後はこの保証の規定による補償を行わなくてもよい。

⑶ 労働基準法第21条（解雇の予告）より誤り。解雇の予告は、日雇い労働者、期間労働者、季節労働者、試用期間中の者には適用されない。

⑷ 労働基準法第20条（解雇の予告）より誤り。解雇の予告は、労働者の責に帰すべき事由に基づいて解雇する場合には適用されない。　　　　解答　⑵

問3　**休憩時間、休日**　R1-前No.32　　　　➡ 2 労働時間

　労働時間、休憩、休日に関する次の記述のうち、労働基準法上、<u>誤っているもの</u>はどれか。

⑴　使用者は、原則として労働時間が8時間を超える場合においては少くとも45分の休憩時間を労働時間の途中に与えなければならない。

⑵　使用者は、原則として労働者に、休憩時間を除き1週間について40時間を超えて、労働させてはならない。

⑶　使用者は、原則として1週間の各日については、労働者に、休憩時間を除き1日について8時間を超えて、労働させてはならない。

⑷　使用者は、原則として労働者に対して、毎週少くとも1回の休日を与えなければならない。

解説 使用者は、原則として労働時間が8時間を超える場合においては、少くとも60分の休憩時間を労働時間の途中に与えなければならない。また、6時間を超える場合は45分の休憩時間を労働時間の途中に与えなければならない。　　　　　　　　　　　　　　　　　　　　　　　　　解答　(1)

問4 **労働時間、休日**　H30-後 No.32　　　　　　　⇒ 2 労働時間

労働時間及び休日に関する次の記述のうち、労働基準法上、**正しいもの**はどれか。

(1)　使用者は、労働者に対して4週間を通じ3日以上の休日を与える場合を除き、毎週少なくとも1回の休日を与えなければならない。

(2)　使用者は、原則として、労働時間の途中において、休憩時間の開始時間を労働者ごとに決定することができる。

(3)　使用者は、災害その他避けることができない事由によって、臨時の必要がある場合においては、制限なく労働時間を延長させることができる。

(4)　使用者は、原則として、労働者に休憩時間を除き1週間について40時間を超えて、労働させてはならない。

解説 (1)　少くとも毎週1日の休日か、4週間を通じて4日以上の休日を与えなければならない。
(2)　使用者は、労働者に対して休憩時間を原則として一斉に与えなければならない。
(3)　使用者は、災害その他避けることのできない事由によって、臨時の必要がある場合においては、行政官庁の許可を受けて、その必要の限度において労働時間を延長できる。　　　　　　　　　　　　　　　　　　　　　解答　(4)

満18歳に満たない者の就業に関する次の記述のうち、労働基準法上、**誤っているもの**はどれか。

(1)　使用者は、年齢を証明する親権者の証明書を事業場に備え付けなければならない。

(2)　使用者は、クレーン、デリックまたは揚貨装置の運転の業務に就かせてはならない。

(3)　使用者は、動力により駆動される土木建築用機械の運転の業務に就かせてはならない。

(4)　使用者は、足場の組立て、解体または変更の業務（地上または床上における補助作業の業務を除く）に就かせてはならない。

> **解説**　使用者は、満18歳に満たない者について、その年齢を証明する<u>戸籍証明書</u>を事業場に備え付けなければならない。修学に差し支えないことを証明する学校長の証明書及び親権者または後見人の同意書を事業場に備え付けなければならない。　　　　　　　　　　　　　解答　(1)

年少者の就業に関する次の記述のうち、労働基準法上、**誤っているもの**はどれか。

(1)　使用者は、原則として、児童が満15歳に達した日以後の最初の3月31日が終了してから、これを使用することができる。

(2)　使用者は、原則として、満18歳に満たない者を、午後10時から午前5時までの間において使用してはならない。

(3)　使用者は、満16歳に達した者を、著しくじんあいもしくは粉末を飛散する場所における業務に就かせることができる。

(4)　使用者は、満18歳に満たない者を坑内で労働させてはならない。

解説 使用者は、満18 歳に満たない者を、著しくじんあいもしくは粉末を飛散する場所における業務に就かせることはできない。 解答 (3)

問7 賃金の支払

➡4賃金

労働者に対する賃金の支払に関する次の記述のうち、労働基準法上、正しいものはどれか。

(1) 出来高払制その他の請負制で使用する労働者については、使用者は、労働時間に応じた賃金の保障はしなくてもよい。

(2) 使用者は、労働者が災害を受けた場合に限り、支払期日前であっても、労働者が請求した既往 の労働に対する賃金を支払わなければならない。

(3) 使用者の責に帰すべき事由による休業の場合には、使用者は、休業期間中当該労働者に、その平均賃金の40％以上の手当を支払わなければならない。

(4) 使用者が労働時間を延長し、または休日に労働させた場合には、原則として賃金の計算額の2割5分以上5割以下の範囲内で、割増賃金を支払わなければならない。

解説 (1) 出来高払制その他の請負制で使用する労働者については、使用者は、労働時間に応じ一定額の賃金の保障をしなければならない。
(2) 災害だけではなく、出産や疾病を受けた場合でも、請求して支払いを受けることができる。
(3) 平均賃金の60/100以上の手当を支払わなければならない。 解答 (4)

労働基準法に関する次の記述のうち、誤っているものはどれか。

(1) 使用者は、労働者が重大な過失によって業務上負傷し、かつ使用者がその過失について行政官庁の認定を受けた場合においては、休業補償を行わなくてもよい。

(2) 賃金は、賃金、給料、手当など使用者が労働者に支払うものをいい、賞与はこれに含まれない。

(3) 賃金は、原則として通貨で、直接労働者に、その全額を支払わなければならない。

(4) 使用者は、最低賃金の適用を受ける労働者に対し、その最低賃金額以上の賃金を支払わなければならない。

解説 賞与は賃金に含まれる。　　　　　　　　　　　　　　　　　　解答 (2)

労働安全衛生法

第2章

選択 問題

1 安全衛生管理体制

出題頻度 ★★★

　元請・下請が混在し、常時50人以上の労働者が作業する特定事業の事業場における管理体制（ずい道建設・橋梁建設・圧気工法による作業は、常時30人以上）は、次のように定められている。

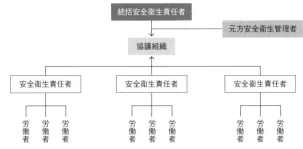

● 事業場における管理体制

■ 安全衛生管理体制と役割

項目	内容
特定事業	建設業、造船業など
特定元方事業者	特定事業を行う事業者で、元請となった事業者
統括安全衛生責任者	元方安全衛生管理者の指揮をするとともに、元請・下請の労働者が同一の場所で作業を行うことによって生ずる労働災害を防止するための事項を統括管理する
元方安全衛生管理者	統括安全衛生責任者が選任された事業場で元請から選任し、技術的事項を管理する
安全衛生責任者	統括安全衛生責任者が選任された事業場で下請から選任する。統括安全衛生責任者との連絡を行う

> point ワンポイントアドバイス
>
> **統括安全衛生管理者**
> 統括安全衛生管理者は、単一事業所で常時100人以上の労働者を使用する事業所において選任する。安全衛生責任者と区別して覚える必要がある。

2 作業主任者

　以下に、作業主任者の選任を必要とする作業の中で土木施工に関するもの（労働安全衛生法第14条、同法施行令第6条より）をまとめる。なお、作業主任者は、都道府県道労働局長の**免許**を受けた者または都道府県労働局長の登録を受けた者が行う**技能講習**を修了した者から選任する。

■ 作業主任者の専任業務一覧（令：労働安全衛生法施行令）

令6条号数	作業主任者名称	資格種類	選任すべき作業（安衛法14条、同法施行令6条、安衛則16条より）
1	高圧室内作業主任者	免許	潜函工法その他の圧気工法により大気圧を超える気圧下の作業室またはシャフトの内部において行う作業
2	ガス溶接作業主任者	免許	アセチレン溶接装置またはガス集合溶接装置（10以上の可燃性ガスの容器を導管により連結したもの、または9以下の連結で水素もしくは溶解アセチレンの場合は400ℓ以上、他は1,000ℓ以上）を用いて行う金属の溶接、溶断、加熱業務
8-2	コンクリート破砕器作業主任者	技能講習	コンクリート破砕器を用いる破砕作業
9、10	地山の掘削及び土止め支保工作業主任者	技能講習	・掘削面の高さ2m以上の地山の掘削の作業（技能講習は「地山の掘削及び土止め支保工で統一」） ・土止めの支保工の切ばり、腹起しの取り付けまたは取り外しの作業（同上）
10-3	ずい道等の覆工作業主任者	技能講習	ずい道等覆工（型枠支保工）組立て、解体、移動、コンクリート打設
14	型枠支保工組立て等作業主任者	技能講習	型枠支保工の組立て、解体の作業（ただし、建築物の柱・壁・橋脚、ずい道のアーチ・側壁等のコンクリート打設用は除く）
15	足場の組立て等作業主任者	技能講習	吊り足場、張出し足場または高さが5m以上の足場の組立て、解体、変更の作業（ゴンドラの吊り足場は除く）
15-3	鋼橋架設等作業主任者	技能講習	橋梁の上部構造であって金属部材により構成されるものの架設、解体、変更（ただし、高さ5m以上または橋梁支間30m以上に限る）
15-5	コンクリート造の工作物の解体等作業主任者	技能講習	高さ5m以上のコンクリート造工作物の解体、破壊
16	コンクリート橋架設等作業主任者	技能講習	橋梁の上部構造であってコンクリート造のものの架設または変更（ただし、高さ5m以上または橋梁支間30m以上に限る）
21	酸素欠乏危険作業主任者（第一種）	技能講習	酸素欠乏危険場所における作業（第一種酸素欠乏作業）
21	酸素欠乏危険作業主任者（第二種）	技能講習	酸素欠乏危険場所（酸素欠乏症にかかるおそれ及び硫化水素中毒にかかるおそれのある場所として厚生労働大臣が定める場所に限る）における作業（第二種酸素欠乏危険作業）酸欠則
23	石綿作業主任者	技能講習	石綿もしくは石綿をその重量の0.1％を超えて含有する製剤その他の物を取り扱う作業、試験研究のため製造する作業

3 工事計画の届出

● 建設工事計画届出1

　重大な労働災害を生ずるおそれがある、特に大規模な仕事、高度な技術的検討を要するものについて届け出る（労働安全衛生法第88条第2項、第89条、同法規則第89条）。

- 高さ300m以上の塔の建設
- 堤高（基礎地盤から堤頂までの高さ）150m以上のダムの建設
- 最大支間500m（吊り橋は1,000m）以上の橋梁の建設
- 長さ3,000m以上のずい道などの建設
- 深さ50m以上のたて坑道を伴う、長さ1,000m以上3,000m未満のずい道などの建設
- ゲージ圧力が0.3MPa以上の圧気工法の作業を行う仕事

［期日と届出先］　工事開始日の30日前までに厚生労働大臣（厚生労働大臣審査）に届け出る。

● 建設工事計画届出2

　高度の技術的検討を要するものに準ずるものについて届け出る（労働安全衛生法第89条の2、同法規則第94条の2）。

- 高さが100m以上の建築物の建設（埋設物がふくそうする場所に近接した場所または特異な形状のもの）
- 堤高が100m以上のダムの建設（傾斜地で重機の転倒、転落などのおそれがあるとき）
- 最大支間300m以上の橋梁の建設（曲線桁、または桁下高さ30m以上のもの）
- 長さが1,000m以上のずい道などの建設（落盤、出水、ガス爆発などの危険のあるもの）
- 掘削土量が20万m³を超える掘削の仕事（軟弱地盤または狭い場所で重機を用いるとき）
- ゲージ圧力が0.2MPa以上の圧気工法の作業を行う仕事（軟弱地盤または

他の掘削に近接するとき）

[期日と届出先] 工事開始日の<u>14日前</u>までに**労働基準監督署長**（都道府県
労働局長審査）に届け出る。

▶ 建設工事計画届出3

　その他、以下の場合は届け出る（労働安全衛生法第88条第3項、同法規則
第90条）。
- 高さ31mを超える建築物、または工作物の建設、改造、解体または破壊
- 最大支間50m以上の橋梁の建設など
- 最大支間30m以上50m未満の橋梁の上部構造の建設など（人口が集中して
  いる場所）
- ずい道などの建設など（内部に労働者が立ち入らないものを除く）
- 高さまたは深さが10m以上である地山の掘削（掘削機械を用いる作業で、
  掘削面の下方に労働者が立ち入らないものを除く）
- 圧気工法による作業
- 吹き付けられている石綿などの除去の作業
- 廃棄物焼却炉、集じん機などの設備の解体

[期日と届出先] 工事開始日の<u>14日前</u>までに**労働基準監督署長**（労働基準
監督署長審査）に届け出る。

> `point` **ワンポイントアドバイス**
>
> **圧気工法**
> 圧気工法による作業においては、ゲージ圧力によって届出先が異なる。
> ・ゲージ圧力0.3MPa以上：厚生労働大臣、労働基準監督署長
> ・ゲージ圧力0.3MPa未満：労働基準監督署長

▶ 建設物・機械等設置移転変更届

　以下の建設物や機械などの設置先を変更する場合に届ける（労働安全衛生
法第88条第1項、同法規則第86条、別表7）。
- 軌道装置（設置から廃止まで6カ月以上のもの）
- 型枠支保工（支柱の高さが3.5m以上のもの）

- 架設通路（組立てから解体まで60日以上で、高さ及び長さがそれぞれ10m以上のもの）
- 組立てから解体まで60日以上の吊り足場、張出し足場、その他の足場（高さ10m以上のもの）
- 以下の機器などの設置
    - → 吊り上げ荷重3t以上のクレーン
    - → 吊り上げ荷重2t以上のデリック
    - → 積載荷重1t以上のエレベータ
    - → 積載荷重0.25t以上でガイドレールの高さ18m以上の建設用リフト
    - → すべてのゴンドラ

［**期日と届出先**］　工事開始日の30日前までに**労働基準監督署長**に届け出る。

過去問チャレンジ（章末問題）

問1　特定元方事業者　H28-No.52

⇒1 安全衛生管理体制

特定元方事業者が、その労働者及び関係請負人の労働者の作業が同一の場所において行われることによって生じる労働災害を防止するために講ずべき措置に関する次の記述のうち、労働安全衛生法上、誤っているものはどれか。

(1) 特定元方事業者の作業場所の巡視は毎週作業開始日に行う。

(2) 特定元方事業者と関係請負人との間や関係請負人相互間の連絡及び調整を行う。

(3) 特定元方事業者と関係請負人が参加する協議組織を設置する。

(4) 特定元方事業者は関係請負人が行う教育の場所や使用する資料を提供する。

解説　特定元方事業者の作業場所の巡視は毎日実施する。　　　解答　(1)

問2　作業主任者の専任　R2-後No.34

⇒2 作業主任者

労働安全衛生法上、作業主任者の選任を必要としない作業は、次のうちどれか。

(1) 高さが5m以上のコンクリート造の工作物の解体または破壊の作業

(2) 既製コンクリート杭の杭打ちの作業

(3) 土止め支保工の切ばりまたは腹起しの取り付けまたは取り外しの作業

(4) 高さが5m以上の構造の足場の組立て、解体または変更の作業

解説　杭打ちの作業は作業主任者の選任は該当しない。　　　解答　(2)

問3 **建設業法**　H28-No.35　　　　　　　　　⇒2 作業主任者

建設業法に関する次の記述のうち、誤っているものはどれか。

(1)　建設業者は、その請け負った建設工事を施工するときは、当該工事現場における建設工事の施工の技術上の管理をつかさどる主任技術者を置かなければならない。

(2)　元請負人は、請け負った建設工事を施工するために必要な工程の細目、作業方法を定めようとするときは、あらかじめ下請負人の意見を聞かなくてもよい。

(3)　発注者から直接建設工事を請け負った特定建設業者は、その下請契約の請負代金の額が政令で定める金額未満の場合においては、監理技術者を置かなくてもよい。

(4)　元請負人は、前払金の支払を受けたときは、下請負人に対して、資材の購入など建設工事の着手に必要な費用を前払金として支払うよう適切な配慮をしなければならない。

> 解説　元請負人は、請け負った建設工事を施工するために必要な工程の細目、作業方法を定めようとするとき、あらかじめ下請負人の意見を聞かなくてはならない。
>
> 解答　(2)

問4 **計画の届出**　H30-後No.34　　　　　　　　⇒3 工事計画の届出

労働安全衛生法上、労働基準監督署長に工事開始の14日前までに計画の届出を必要としない仕事は、次のうちどれか。

(1)　掘削の深さが7mである地山の掘削の作業を行う仕事

(2)　圧気工法による作業を行う仕事

(3)　最大支間50mの橋梁の建設などの仕事

(4)　ずい道などの内部に労働者が立ち入るずい道などの建設などの仕事

> 解説　掘削の深さが10m以上の地山の掘削の作業は、計画の届出が必要である（労働安全衛生規則90条）。
>
> 解答　(1)

1　許可制度

出題頻度 ★★☆

● 許可の種類

　建設業を営もうとする者は、請負代金が500万円未満の建設工事のみを請け負って営業しようとする場合を除いて、建設業の許可が必要である。建設業の許可は、大臣許可と知事許可とがある。建設業の営業所を2つ以上の都道府県に設ける場合は国土交通大臣の許可、1つの都道府県に設ける場合はその都道府県知事の許可を受ける必要がある。各々の許可は、<u>下請契約の金額</u>により、<u>特定建設業許可</u>と<u>一般建設業許可</u>に分かれる。

■ 主任技術者・監理技術者の設置基準と資格要件

許可区分	一般建設業 （28業種）	特定建設業（28業種）		
		特定建設業 （28業種）	指定建設業以外 （21業種）	指定建設業 （7業種）
工事請負の方式	・元請（発注者からの直接請負）：下請金額が建築工事業で6,000万円未満、その他業種で4,000万円未満 ・下請 ・自社施工	・元請（発注者からの直接請負）：下請金額が建築工事業で6,000万円未満、その他業種で4,000万円未満 ・下請 ・自社施工	・元請（発注者からの直接請負）：下請金額が4,000万円以上	・元請（発注者からの直接請負）：下請金額が建築工事業で6,000万円以上、その他業種で4,000万円以上
現場に置くべき技術者	主任技術者	主任技術者	監理技術者	監理技術者

［指定建設業（7業種）］

- 土木工事業
- 鋼構造物工事業
- 建築工事業
- 舗装工事業
- 電気工事業
- 造園工事業
- 管工事業

2　技術者制度

▶ 主任技術者と監理技術者

　建設業者は、請け負った建設工事を施工するときは、その工事現場における建設工事の技術上の管理をつかさどるものとして**主任技術者**を置かなければならない。発注者から直接建設工事を請け負った**特定建設業者**については、1件の建設工事の下請に発注する工事の代金の総額が、建築工事業で6,000万円以上、土木工事などのその他の業種は4,000万円以上の場合は、主任技術者ではなく**監理技術者**を配置しなければならない。公共性のあるものや多数の人が利用するような施設もしくは工作物に関する重要な建設工事は、専任の主任技術者・監理技術者を置くことが必要になる。

▶ 監理特例技術者

　建設業界が人材不足である中、1級の技術検定資格を持った監理技術者の専任配置義務が緩和され、建設業法の改正により一定の条件を満たすことで監理技術者が複数の現場を兼任できるようになった（建設業法第26条第3項）。

3　元請負人の義務

　元請負人の下請人に対して果たすべき義務は、以下の通り。

■ 元請負人の下請人に対して果たすべき義務

条項	内容
第24条の2	下請負人の意見の聴取
第24条の3	下請代金の支払
第24条の4	検査及び引渡し
第24条の5	特定建設業者の下請代金の支払期日など
第24条の6	下請負人に対する特定建設業者の指導など
第24条の7	施工体制台帳及び施工体系図の作成など

Ⅲ 第3章 建設業法

過去問チャレンジ（章末問題）

問1　建設業の許可　R1-前No.35　　➡1 許可制度

建設業法に関する次の記述のうち、誤っているものはどれか。

(1) 建設業とは、元請、下請その他いかなる名義をもってするかを問わず、建設工事の完成を請け負う営業をいう。

(2) 軽微な建設工事のみを請け負うことを営業とする者を除き、建設業を営もうとする者は、すべて国土交通大臣の許可を受けなければならない。

(3) 建設業者は、その請け負った建設工事を、いかなる方法をもってするかを問わず、原則として一括して他人に請け負わせてはならない。

(4) 施工体系図は、各下請負人の施工の分担関係を表示したものであり、作成後は当該工事現場の見やすい場所に掲示しなければならない。

> 解説　1つの都道府県のみに営業所を設け営業する場合は、その都道府県知事の許可を受ける。複数の都道府県に営業所を設ける場合は、国土交通大臣の許可を受けなければならない。　　　　　　　　　　　解答　(2)

問2　元請負人の義務等　R2-後No.35　　➡1 許可制度

建設業法に関する次の記述のうち、誤っているものはどれか。

(1) 建設業者は、建設工事の担い手の育成及び確保その他の施工技術の確保に努めなければならない。

(2) 建設業の許可は、5年ごとにその更新を受けなければ、その期間の経過によって、その効力を失う。

(3) 元請負人は、下請負人から建設工事が完成した旨の通知を受けたときは、30日以内で、かつ、できる限り短い期間内に検査を完了しなければならない。

(4) 発注者から直接建設工事を請け負った建設業者は、必ずその工事現場に

おける建設工事の施工の技術上の監理をつかさどる主任技術者または監理技術者を置かなければならない。

解説 元請負人は、下請負人からその請け負った建設工事が完成した旨の通知を受けたときは、当該通知を受けた日から20日以内で、かつ、できる限り短い期間内に、その完成を確認するための検査を完了しなければならない（建設業法第24条の4）。 解答 (3)

問3　主任技術者　H30-前No.35　　➡2 技術者制度

建設業法に関する次の記述のうち、誤っているものはどれか。

(1)　主任技術者は、現場代理人の職務を兼ねることができない。

(2)　建設業法には、建設業の許可、請負契約の適正化、元請負人の義務、施工技術の確保などが定められている。

(3)　主任技術者は、建設工事の施工計画の作成、工程管理、品質管理その他の技術上の管理などを誠実に行わなければならない。

(4)　建設工事の施工に従事する者は、主任技術者がその職務として行う指導に従わなければならない。

解説 主任技術者は現場代理人を兼務することができる。 解答 (1)

問4　技士補　　➡2 技術者制度

技術者制度に関する次の記述のうち、建設業法上、誤っているものはどれか。

(1)　1級の第一次検定合格者には「1級技士補」の称号が与えられ、主任技術者要件を満たした1級技士補を監理技術者補佐として現場に専任で配置できる。

(2)　工事1件の請負代金の額について、建築1式工事で7,000万円以上、その他の工事で3,500万円以上の場合は、専任の主任技術者・監理技術者を

置く必要がある。

(3)　監理技術者は、いかなる場合においても、複数の現場を兼任できない。

(4)　公共性のあるものや多数の人が利用するような施設もしくは工作物に関する重要な建設工事は、専任の主任技術者・監理技術者を配置しなければならない。

> **解説**　1級の第一次検定合格者には「1級技士補」の称号が与えられ、主任技術者要件を満たした1級技士補を監理技術者補佐として現場に専任で配置できる。これにより元請の監理技術者は、2つまで現場を兼務できる。
>
> 解答　(3)

問5　**請負契約**　H28-No.54（1級）　⇒ 3元請負人の義務

建設工事の請負契約に関する次の記述のうち、建設業法上、<u>誤っているもの</u>はどれか。

(1)　建設工事の注文者は、請負契約の方法を競争入札に付する場合においては、工事内容などについてできる限り具体的な内容を契約直前までに提示しなければならない。

(2)　建設工事の注文者は、請負契約の履行に関し工事現場に監督員を置く場合においては、当該監督員の権限に関する事項及び当該監督員の行為についての請負人の注文者に対する意見の申出の方法を、書面により請負人に通知しなければならない。

(3)　建設工事の請負契約の当事者は、契約の締結に際して、工事内容、請負代金の額、工事着手の時期及び工事の完成時期などの事項を書面に記載し、署名または記名押印をして相互に交付しなければならない。

(4)　建設業者は、建設工事の注文者から請求があったときは、請負契約が成立するまでの間に、建設工事の見積書を提示しなければならない。

> **解説**　建設工事の注文者は、具体的な工事内容を<u>競争入札の入札日の前に提示</u>しなければ応札者は積算ができない。契約直前では遅い。　解答　(1)

1　道路の占用

出題頻度 ★★★

▶道路の占用に関する条項

[**道路の占用の許可（道路法第32条第1項）**]　道路に工作物、または施設を設け、継続して道路を使用しようとする場合は、<u>道路管理者の許可</u>を受けなければならない。

[**許可の申請（道路法第32条第2項）**]　占用の目的、期間、場所、工作物や施設の構造、工事方法、工事時期、復旧方法を記載した<u>申請書を道路管理者に提出</u>しなければならない。

[**道路交通法との係り（道路法第32条第4項）**]　許可に係る行為が道路交通法の適用を受ける場合、<u>申請書の提出は、当該地域を管轄する警察署長を経由して行うことができる。</u>

[**水道、電気、ガス事業等のための道路の占用の特例（道路法第36条）**]　水管、下水道管、鉄道、ガス管、電柱、電線もしくは公衆電話所を道路に設けようとする者は、道路の占用の許可を受けようとする場合、工事実施の1月前までに、<u>あらかじめ当該工事の計画書を道路管理者に提出</u>しておかなければならない。ただし、災害による復旧工事その他緊急を要する工事などの場合は、この限りでない。

[**道路を掘削する場合における工事実施の方法（道路法施行規則第4条の4の4）**]

- 舗装の切断は直線に、かつ、路面に垂直に行う。
- 道路には、占用のために掘削した土砂を堆積しない。
- 土砂の流失や地盤の緩みに対して必要な防止措置を講ずる。
- わき水やたまり水は道路の排水施設に排出し、路面に排出しない。
- 原則として、掘削面積は当日中に復旧可能な範囲とする。
- 道路を横断して掘削する場合は分けて行い、交通に支障を及ぼさない措置を講ずる。

- 沿道の建築物に接近して掘削する場合には、人の出入りを妨げない。

[占用のために掘削した土砂の埋戻しの方法（道路法施行規則第4条の4の6）]

- 各層ごとにランマなどで確実に締め固めて行う。
- 層の厚さは原則として<u>0.3m以下</u>（路床部0.2m以下）とする。
- 杭、矢坂などは、下部を埋め戻して徐々に引き抜く。
- やむを得ないと認められる場合には、杭、矢坂などを残置することができる。

point 🐾 **ワンポイントアドバイス**

占用物件の構造の変更
道路占用者が、重量の増加を伴わない占用物件の構造の変更を行う場合に、道路の構造または交通に支障を及ぼすおそれがないと認められるものは、改めて道路管理者の許可を受ける必要はない。

2 車両の通行制限

出題頻度 ★★★

車両の通行制限は、道路法第47条（通行の禁止又は制限）、車両制限令第3条（車両の幅等の最高限度）より、以下の通りとなる。

■ 車両の通行制限

制限項目	一般道	高速自動車国道などの例外
幅	2.5 m	
総重量	20 t 27 t（トレーラ連結車など）	25 t 36 t（トレーラ連結車など）
軸重	10 t	
総荷重	5 t	
高さ	3.8 m	4.1 m
長さ	12 m	セミトレーラ連結車：16.5 m フルトレーラ連結車：18 m
最小回転半径	車両の最外側のわだちに対して12 m	

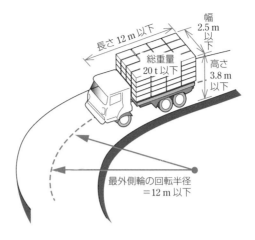

幅
2.5 m
以下

長さ 12 m 以下

総重量
20 t 以下

高さ
3.8 m
以下

最外側輪の回転半径
＝12 m 以下

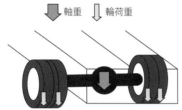

軸重　輪荷重

● トラックの車両総重量と軸重※

※図は、全日本トラック協会 HP「トラック早分かり　8. 車両総重量と積載量」
（https://jta.or.jp/ippan/hayawakari/8-sekisai.html）を参考のうえ作成

---

point　ワンポイントアドバイス

カタピラを有している自動車

舗装道路を通行する自動車は、カタピラを有していないものでなければならない。し
かし、次に該当するものは通行できる。

・カタピラの構造が路面の損傷するおそれのないもの。

・除雪作業に使用される場合。

・路面が損傷しないように道路に必要な措置が取られている場合。

問1　道路の占用許可　R2-後 No.36

➡ 1 道路の占用

　道路に工作物または施設を設け、継続して道路を使用する行為に関する次の記述のうち、道路法令上、占用の許可を必要としないものはどれか。

(1)　工事用板囲、足場、詰所その他工事用施設を設置する場合。
(2)　津波からの一時的な避難場所としての機能を有する堅固な施設を設置する場合。
(3)　看板、標識、旗ざお、パーキング・メータ、幕及びアーチを設置する場合。
(4)　車両の運転者の視線を誘導するための施設を設置する場合。

> 解説　視線誘導標は、道路管理者が設置する道路法2条に基づく道路附属物として定義されている。占用の許可は不要である。　　　　解答　(4)

問2　道路の占用許可　R1-前 No.36

➡ 1 道路の占用

　道路の占用許可に関し、道路法上、道路管理者に提出すべき申請書に記載する事項に該当しないものは、次のうちどれか。

(1)　占用の目的
(2)　占用の期間
(3)　工事実施の方法
(4)　建設業の許可番号

> 解説　道路の占用許可には、工事を実施する建設業の許可番号の記載は不要である。　　　　解答　(4)

問3 最高限度　H30-後 No.36　　　　　　　⇒ **2** 車両の通行制限

　車両の総重量などの最高限度に関する次の記述のうち、車両制限令上、<u>正しいもの</u>はどれか。ただし、高速自動車国道または道路管理者が道路の構造の保全及び交通の危険防止上支障がないと認めて指定した道路を通行する車両、及び高速自動車国道を通行するセミトレーラ連結車またはフルトレーラ連結車を除く車両とする。

(1)　車両の総重量は、10t

(2)　車両の長さは、20m

(3)　車両の高さは、4.7m

(4)　車両の幅は、2.5m

> **解説**　最高限度の値はそれぞれ、総重量20t、軸重10t、輪荷重5t、長さ12m、高さ3.8m、幅2.5mである。　　　　　　　　　　解答　(4)

問4 特殊な車両　H30-No.56（1級）　　　　　　⇒ **2** 車両の通行制限

　特殊な車両の通行時の許可などに関する次の記述のうち、道路法令上、<u>誤っているもの</u>はどれか。

(1)　車両制限令には、道路の構造を保全し、または交通の危険を防止するため、車両の幅、重量、高さ、長さ及び最小回転半径の最高限度が定められている。

(2)　特殊な車両の通行許可証の交付を受けた者は、当該車両が通行中は当該許可証を常に事務所に保管する。

(3)　道路管理者は、車両に積載する貨物が特殊であるためやむを得ないと認めるときは、必要な条件を付して、通行を許可することができる。

(4)　特殊な車両を通行させようとする者は、一般国道及び県道の道路管理者が複数となる場合、いずれかの道路管理者に通行許可申請する。

> **解説**　通行中は、常に許可証を車両の中に保管しておく。　　　　解答　(2)

第5章 河川法

選択 問題

1 河川管理者の許可

出題頻度 ★★★

▶ 河川と河川管理施設

[河川] 河川とは、1級河川及び2級河川をいい、これらの河川に係る河川
管理施設を含む。

[河川管理施設] 河川管理施設とは、堤防、護岸、帯、床止め、ダム、堰、
水門、樹林、その他河川の流水によって生ずる公利を増進し、または公害を
除去し、もしくは軽減する効用を有する施設を指す。

[河川保全区域] 河川管理者は、河川管理施設を保全するために必要があ
ると認めるときは、河川区域に隣接する一定の区域を河川保全区域として指
定することができ、これを河川保全区域という。河川保全区域は、河川区域
の境界から50mを超えてはならない。

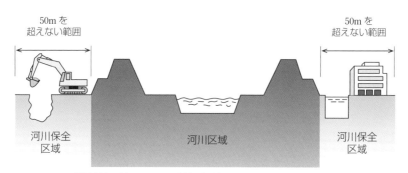

河川保全区域において、土地の掘削や工作物を新築するときは、
河川管理者の許可が必要となる

● 河川保全区域

▶ 河川区域内の規制

河川区域内の規制については、次の項目が定められている。

■ 河川区域内の規制（河川法・河川法施行令）

項目	内容
土地の占用の許可（第24条）	土地の占用
土石等の採取の許可（第25条） 河川の産出物（施行令第15条）	・土石（砂を含む）の採取 ・河川の産出物（竹木・あし・かやなど）の採取
工作物の新築等の許可（第26条）	・工作物の新築、改築、除却 ・河口付近の海面において河川の流水を貯留し、または停滞させるための工作物の新築・改築・除却
土地の掘削等の許可（第27条）	・土地の掘削、盛土、切土その他土地の形状の変更 ・竹木の栽植、伐採
許可を要しない軽易な行為（施行令第15条の4）	・河川管理施設の敷地から10m以上離れた土地における耕耘（こううん） ・取水・排水施設の機能を維持するために行う取水口または排水溝の付近に積もった土砂などの排除 ・指定区域、樹林帯区域以外の土地における竹木の伐採

▶ 河川保全区域内の規制

河川保全区域内の規制については、次の項目が定められている。

■ 河川保全区域内の規制（河川法・河川法施行令）

項目	内容
河川保全区域における行為の制限（第55条）	・土地の掘削、盛土、切土その他土地の形状の変更 ・工作物の新築または改築
許可を要しない行為（施行令第34条） ※「耕耘」以外は、河川管理施設の敷地から5m以内の土地におけるものを除く	・耕耘 ・堤内の土地における地表から高さ3m以内の盛土 ・堤内の土地における地表から深さ1m以内の土地の掘削、または切土 ・堤内の土地における工作物の新築、または改築。ただし、コンクリート造、石造、れんが造などの堅固なもの及び貯水池、水槽、井戸、水路など、水が浸透するおそれのあるものを除く ・河川管理者が河岸または河川管理施設の保全上影響が少ないと認めて指定した行為

---

point ワンポイントアドバイス

許可の範囲
河川法による許可の範囲は、地上、地下、空中をいう。

問1 河川管理者の許可 ➡ 1 河川管理者の許可

河川法上、河川管理者の許可が必要でないものは、次の記述のうちどれか。

(1) 橋梁の土質調査のため、深さ5mのボーリングを高水敷で実施する場合。
(2) 河川管理施設の敷地から10m離れた河川保全区域内に、工事の資材置き場を設置する場合。
(3) 河川保全区域において、深さ3mの井戸を掘削する場合。
(4) 橋梁の工事内容の掲示のため、高さ2mの看板を高水敷に設置する場合。
(5) 公園整備を行うため、現場事務所を一時的な仮設工作物として河川区域内の民有地に設置する場合。
(6) 河川保全区域内の民有地に、鉄筋及び型枠を仮置きする場合。
(7) 河川区域内に構築した取水施設の設置者が、取水口の付近に堆積した土砂を排除する場合。
(8) 河川区域内において、資機材を荷揚げするための桟橋を設置する場合。
(9) 吊り橋、電線などを河川区域内の上空を通過して設置する場合。
(10) 河川区域内の地下に埋設される農業用水のサイホンを新築する場合。
(11) 河川区域内で仮設の材料置き場を設置する場合。
(12) 河川管理施設の敷地から6m離れた河川保全区域内で、地表から高さ3m以内で堤防に沿って15mの盛土をする場合。
(13) 河川管理施設の敷地から6m離れた高水敷で、橋梁の土質調査のため、深さ5mのボーリングを実施する場合。
(14) 河川管理施設の敷地から5m以内の河川保全区域において、5mの井戸を掘削する場合。
(15) 河川管理施設の敷地から5m以内の河川保全区域内において、工事の資材置き場を設置する場合。

選択肢	解説	解答
(1)	(第27条) 土地の掘削に該当	必要である
(2)	(施行令34条) 河川保全区域内において、河川管理施設の敷地から5mを超えた場所であれば、工作物の新築に許可を要しない (堅固な工作物を除く)	必要でない
(3)	(施行令第34条) 深さ1mを超える土地の掘削に該当	必要である
(4)	(第26条) 工作物の新築に該当	必要である
(5)	(第26条) 一時的な仮設工作物であっても、工作物の新築に該当	必要である
(6)	(第55条) 仮置きは、土地の形状変更にも工作物にも該当しない	必要でない
(7)	(施行令第15条の4) 許可を要しない軽易な行為に該当	必要でない
(8)	(第26条) 工作物の新築に該当	必要である
(9)	(第26条) 上空を含む。上空の工作物の新築に該当	必要である
(10)	(第26条) 地下を含む。地下の工作物の新築に該当	必要である
(11)	(第26条) 工作物の新築に該当 (第24条) 土地の占用に該当	必要である
(12)	(施行令第34条) 許可を要しない行為に該当。河川管理施設の敷地から5mを超えて離れた河川保全区域内で、地表から高さ3m以内の盛土であれば、許可を要しない	必要でない
(13)	(第27条) 土地の掘削に該当	必要である
(14)	(第55条) 土地の掘削に該当。河川管理施設の敷地から5mを超えて離れた河川保全区域内で、深さ1m以内の土地の掘削であれば、許可を要しない	必要である
(15)	(第55条) 工作物の新築に該当。河川管理施設の敷地から5mを超えて離れた河川保全区域であれば、許可を要しない	必要である

解答　(2)(6)(7)(12)

問2　河川法　R2-後No.37　　　　➡1 河川管理者の許可

河川法に関する次の記述のうち、正しいものはどれか。

(1) 河川法上の河川には、ダム、堰、水門、堤防、護岸、床止め等の河川管理施設は含まれない。

(2) 河川保全区域とは、河川管理施設を保全するために河川管理者が指定した一定の区域である。

(3) 二級河川の管理は、原則として、当該河川の存する市町村長が行う。

(4) 河川区域には、堤防に挟まれた区域と堤内地側の河川保全区域が含まれる。

解説 (1) 河川管理施設とは、堤防、護岸、帯、床止め、ダム、堰、水門、樹林、その他河川の流水によって生ずる公利を増進し、または公害を除去し、もしくは軽減する効用を有する施設をいう。

(3) 二級河川の管理は、都道府県知事が行う。

(4) 河川区域は堤防と堤防に挟まれた区域である。　　　　　　　解答 (2)

第 6 章

建築基準法

選択 問題

1 仮設建築物に対する制限の緩和 出題頻度 ★★☆

仮設建築物の許可

　工事現場の仮設事務所や共同住宅を販売するためのモデルルームなどは、その竣工するまでの間、臨時の建築物が必要となる。このような建築物は短期間しか存続しないため安価で簡易な建築物とすることの方が効率的である。そこで建築基準法の許可基準（第85条第5項「仮設建築物に対する制度の緩和」）により仮設建築物を指定し、制限を緩和している。

■ 仮設建築物の適用の対象（第2条）

仮設建築物の用途	存置期間
興行場、博覧会建築物など	興行などに必要と認める期間
店舗など	建替工事に必要な期間
校舎、園舎	建替工事に必要な期間
展示用住宅 展示用住宅管理棟	1年間
分譲マンションなどの販売のためのモデルルーム	1年間
現場事務所、寄宿舎	本工事の施工上必要な期間
郵便法の規定により行う郵便の業務の用に供する施設 税務署	夏季及び年末年始で必要な期間
選挙用事務所	公示日3カ月前から投票日後1カ月以内
その他これらに類するもの	1年間

■ 許可を受けることで第85条が適用される（緩和される）規定

条項	内容
第6条	建築物の建築などに関する申請及び確認
第7条	建築物に関する完了検査・中間検査
第15条	新築・除却の届出
第19条	敷地の衛生及び安全
第21条	大規模建築物の主要構造部の防火制限
第22条	屋根の防火制限
第23条	外壁の防火制限
第31条	便所
第33条	避雷設備
第34条	非常用の昇降機
第35条	特殊建築物などの避難及び消火に関する技術的基準
第37条	建築材料の品質
第41条の2～第68条の9 ※第3章の集団規定	敷地などと道路との関係、建ぺい率、容積率、建築物の高さ、防火地域・準防火地域内の建築物など
第63条	防火地域または準防火地域内の建築物の屋根の構造（延べ面積50m^{2}以内）
第129条の2の4	建築設備の構造強度

■ 許可を受けても第85条が適用されない（緩和されない）規定

条項	内容
第5条の4	建築士による建築物の設計及び工事管理
第20条	構造耐力。建築物は自重、積載荷重、積雪、風圧、地震などに対する安全な構造とする
第28条	事務室などには採光及び換気のための窓の設置
第29条	地階における住宅などの居室の防湿処置
第32条	電気設備の安全及び防火

> **point** ワンポイントアドバイス
>
> **許可基準の適用除外の例**
> ・災害によって破損した建築物の応急修繕または国・地方公共団体または日本赤十字社が災害救助のために建築する場合。
> ・被災者が自ら使用するために建築し、延べ面積が30m^{2}以内のものに該当する応急仮設建築物で、被災の日から1カ月以内に着手する場合。

過去問チャレンジ（章末問題）

問1　仮設建築物　　　　　　　　➡ 1 仮設建築物に対する制限の緩和

　工事を施工するために現場に設ける事務所などの**仮設建築物**について、**建築基準法上、正しいもの**はどれか。

(1)　構造・規模にかかわらず、現場事務所の仮設建築物を除却する場合は、都道府県知事に届け出なければならない。

(2)　準防火地域にある延べ面積35 m^{2}の建築物の屋根の構造は、政令で定める技術的基準の規定が適用される。

(3)　建築物の敷地、構造及び建築設備などの計画については、工事着手前に、建築主事に建築確認申請を行う必要がある。

(4)　建築物の建築面積の敷地面積に対する割合（建ぺい率）の制限は適用されない。

(5)　湿潤な土地等、またはごみ等で埋め立てられた土地に建築物を建築する場合には、盛土、地盤の改良その他衛生上または安全上必要な措置を講じなければならない。

(6)　建築物の電気設備は、法律またはこれに基づく命令の規定で電気工作物に係る建築物の安全及び防火に関するものの定める工法によって設けなければならない。

(7)　建築物の床下が砕石敷均し構造で、最下層の居室の床が木造である場合には、床の高さを30 cm以上確保しなければならない。

(8)　建築物の事務室の換気のためには、その床面積に対して1/20以上の開口部を設けなければならないが、これが不足する場合は一定の換気設備を設けてこれに代えることができる。

(9)　建築物の敷地の前面道路が国または地方自治体が管理する公道の場合には、その道路に2 m以上接していなければならない。

(10)　建築物は、前面道路の幅員に応じた建築物の高さ制限（斜線制限）の適用を受ける。

(11)　建築物の敷地には、雨水及び汚水を排出し、または処理するための適当

な下水管、下水溝またはため桝その他これらに類する施設を設置しなければならない。

⑿ 建築物は、自重、積載荷重、積雪荷重、風圧、土圧及び水圧ならびに地震その他の震動及び衝撃に対して安全な構造のものとして、定められた基準に適合するものでなければならない。

解説 建築基準法第85条が適用される（緩和される）ものと、適用されない（緩和されない）ものを判断する。

選択肢	解説	解答
(1)	（第15条）建築・除却の届出及び統計は緩和される	誤り
(2)	（第63条）防火地域または準防火地域内の建築物の屋根の構造（延べ面積50m²以内）は緩和される	誤り
(3)	（第6条）建築物の建築などに関する申請及び確認は緩和される	誤り
(4)	（第53条）建築物の建築面積の敷地面積に対する割合（建ぺい率）は緩和される。建ぺい率の制限は適用されないので正しい	正しい
(5)	（第19条）敷地の衛生及び安全は緩和される	誤り
(6)	（第32条）電気設備は緩和されない	正しい
(7)	（施行令第29条）居室の床の高さ及び防湿方法は緩和されない。床下の構造が地面からの水蒸気を防止できない場合は、最下階の居室の床の高さを45cm以上とする	誤り
(8)	（第28条）居室の採光及び換気は緩和されない	正しい
(9)	（第43条）敷地などの道路との関係は緩和される	誤り
(10)	（第56条）建築物の高さは緩和される	誤り
(11)	（第19条）敷地の衛生及び安全は緩和される	誤り
(12)	（第20条）構造耐力は緩和されない	正しい

解答 (4)(6)(8)(12)

第7章 火薬類取締法

選択 問題

1 火薬類の取扱い

出題頻度 ★★

[取扱者の制限（法第23条）] 18歳未満の者は、火薬類の取扱いをしてはならない。

[火薬類取扱保安責任者（法第30条、施行規則第69条・第70条の4）] 火薬庫の所有者等は、**火薬類取扱保安責任者**等を選任する。月に1t以上の火薬または爆薬を消費する場合は、甲種火薬類取扱保安責任者免状を有する者の中から選任する。火薬類の貯蔵・火薬庫の構造などの管理、盗難防止に特に注意する。

[事故届等（法第46条）] 製造業者、販売業者、消費者その他火薬類を取り扱う者は、下記の場合には、遅滞なくその旨を<u>警察官または海上保安官</u>に届け出なければならない。

• 火薬類について災害が発生したとき。

• 火薬類、譲渡許可証、譲受許可証または運搬証明書を喪失し、または盗取されたとき。

[消費場所における火薬類の取扱い（施行規則第51条）] 火薬類を収納する容器は、<u>木その他電気不良導体</u>で作った丈夫な構造のものとし、内面には鉄類を表さない。また、火薬類を存置・運搬するときは、火薬、爆薬、導爆線または制御発破用コードと火工品とは、<u>それぞれ異なった容器に収納</u>する。電気雷管は、できるだけ導通または抵抗を試験する。

　消費場所においては、やむを得ない場合を除き、火薬類取扱所、火工所または発破場所以外の場所に火薬類を存置しない。

　火薬類消費計画書に火薬類を取り扱う必要のある者として記載されている者が火薬類を取り扱う場合には、腕章を付ける。

　なお、火薬類は他の物と混包し、または火薬類でないようにみせかけて、これを所持、運搬もしくは託送してはならない。

2 火薬庫・火薬類取扱所・火工所 出題頻度 ★★★

[火薬庫（法第11条～第14条）]
- 火薬類の貯蔵施設
- 製造業者・販売業者が所有または占有
- 設置・移転・変更には都道府県知事の許可が必要

[火薬類取扱所（施行規則第52条）] 消費場所における火薬類の管理及び発破の準備施設（薬包に各種雷管を取り付ける作業を除く）を指す。存置することのできる火薬類の数量は、1日の消費見込量以下とする。

[火工所（施行規則第52条の2）] 消費場所における薬包への各種雷管取り付け及びこれらを取り扱う作業施設を指す。火薬類を存置する場所には、見張人を常時配置する。

■ 火薬類の最大貯蔵量（施行規則第20条）

名称	一級火薬庫	二級火薬庫
火薬	80t	20t
爆薬	40t	10t
工業雷管及び電気雷管	4千万個	1千万個

3 発破・不発 出題頻度 ★★☆

[発破（施行規則第53条・第56条）] 発破場所に携行する火薬類の数量は、当該作業に使用する消費見込量を超えない。発破場所においては、責任者を定め、火薬類の受渡し数量、消費残数量及び発破孔または薬室に対する装てん方法をその都度記録させる。装てんが終了し、火薬類が残った場合には、直ちに始めの火薬類取扱所または火工所に返送する。

前回の発破孔を利用して削岩、装てんはしない。また、水孔発破の場合には、使用火薬類に防水の措置を講ずる。

発破を終了したときは、当該作業者は発破による有害ガスによる危険が除去された後、発破場所の危機の有無を検査し、安全と認めた後でなければ、何人も発破場所及びその付近に立ち入らせてはならない。

[不発（施行規則第55条）] 電気雷管による場合は、発破母線を点火器から取り外し、その端を短絡させ、かつ、再添加ができないように措置を講ずる。

不発火薬類は、雷管に達しないように少しずつ静かに込物の大部分を掘り出した後、新たに薬包に雷管を取り付けたものを装てんし、再添加する方法がある。

---

point ワンポイントアドバイス

火薬類の運搬
火薬類を運搬しようとする場合は、出発地を管轄する都道府県公安委員会にその旨を届け出て、運搬証明書の交付を受ける。

問1 **火薬類の取扱い** R2-後No.39　　　➡1 火薬類の取扱い

火薬類取締法上、火薬類の取扱いに関する次の記述のうち、<u>誤っているも</u>のはどれか。

(1) 火薬類を運搬するときは、火薬と火工品とは、いかなる場合も同一の容器に収納すること。
(2) 火薬類を収納する容器は、内面には鉄類を表さないこと。
(3) 固化したダイナマイト等は、もみほぐすこと。
(4) 火薬類の取扱いには、盗難予防に留意すること。

> 解説　火薬類を運搬するときは、火薬、爆薬、導爆線または制御発破用コードと火工品とは、それぞれ別の容器に収納すること。　　　解答 (1)

問2 **火薬類の取扱い** R1-後No.39　　　➡2 火薬庫・火薬類取扱所・火工所

火薬類の取扱いに関する次の記述のうち、火薬類取締法上、<u>誤っているも</u>のはどれか。

(1) 火薬庫内には、火薬類以外の物を貯蔵しない。
(2) 火薬庫の境界内には、爆発、発火、または燃焼しやすい物を堆積しない。
(3) 火薬類を収納する容器は、木その他電気不良導体で作った丈夫な構造のものとし、内面には鉄類を表さない。
(4) 固化したダイナマイト等は、もみほぐしてはならない。

> 解説　固化したダイナマイトは、もみほぐしてから使用する。　　　解答 (4)

火薬類の取扱い等に関する次の記述のうち、火薬類取締法上、**誤っている**ものはどれか。

(1) 消費場所においては、火薬類消費計画書に火薬類を取り扱う必要のある者として記載されている者が火薬類を取り扱う場合には、腕章を付けるなど他の者と容易に識別できる措置を講ずること。

(2) 発破母線は、点火するまでは点火器に接続する側の端の心線を長短不揃にし、発破母線の電気雷管の脚線に接続する側は短絡させておくこと。

(3) 発破場所においては、責任者を定め、火薬類の受渡し数量、消費残数量及び発破孔に対する装てん方法をその都度記録させること。

(4) 多数斉発に際しては、電圧ならびに電源、発破母線、電気導火線及び電気雷管の全抵抗を考慮した後、電気雷管に所要電流を通ずること。

解説 発破母線は、点火するまで点火器に接続する側の端を短絡させておく。発破母線の電気雷管の脚線に接続する側は、短絡を防止するために、心線を長短不揃にしておく。　　　　　　　　　　　　　　　　解答 (2)

騒音規制法

選択 問題

1 特定建設作業

出題頻度 ★★★

騒音規制法における特定建設作業

建設工事として行われる作業のうち、著しい騒音を発生する作業であって政令（騒音規制法施行令第2条）で定めるものは以下の通りである。ただし、当該作業を開始した日に終わるものを除く。

■ 著しい騒音を発生する作業（施行令第2条）

使用機械	作業内容
杭打機	杭打機（もんけんを除く）、杭抜機、または杭打杭抜機（圧入式杭打杭抜機を除く）を使用する作業（杭打機をアースオーガと併用する作業を除く）
鋲打機	鋲打機を使用する作業
削岩機	削岩機を使用する作業（作業地点が連続的に移動する作業にあっては、1日における当該作業に係る2地点間の最大距離が50mを超えない作業に限る）
空気圧縮機	空気圧縮機（電動機以外の原動機を用いるものであって、その原動機の定格出力が15kW以上のものに限る）を使用する作業（削岩機の動力として使用する作業を除く）
コンクリートプラント	コンクリートプラント（混練機の混練容量が0.45m³以上のものに限る）またはアスファルトプラント（混練機の混練重量が200kg以上のものに限る）を設けて行う作業（モルタルを製造するためにコンクリートプラントを設けて行う作業を除く）
バックホウ	バックホウ（一定の限度を超える大きさの騒音を発生しないものとして環境大臣が指定するものを除き、原動機の定格出力が80kW以上のものに限る）を使用する作業
トラクタショベル	トラクタショベル（一定の限度を超える大きさの騒音を発生しないものとして環境大臣が指定するものを除き、原動機の定格出力が70kW以上のものに限る）を使用する作業
ブルドーザ	ブルドーザ（一定の限度を超える大きさの騒音を発生しないものとして環境大臣が指定するものを除き、原動機の定格出力が40kW以上のものに限る）を使用する作業

地域の指定

騒音を規制する地域として、都道府県知事が指定する区域には、以下の2つがある。

- **第1号区域**：特に静穏の保持を必要とする地域で、住居専用地域、学校、保育所、病院、図書館、特別養護老人ホームなどの敷地から80mの区域

• 第2号区域：第1号区域以外で静穏が求められる地域で、市町村長の意見を聞いて指定する区域

2 届出

出題頻度 ★★☆

　元請負人は、都道府県知事が定めた指定地域内で特定建設作業を実施しようとするときは、工事開始日の7日前までに、市町村長に届ける（法第14条）。ただし、災害その他非常の事態の発生により、特定建設作業を緊急に行う必要がある場合はこの限りではないが、速やかに届け出なければならない。

[届出の内容]
• 個人の場合は氏名または名称及び住所、法人の場合は代表者の氏名
• 建設工事の目的に係る施設または工作物の種類
• 特定建設作業の場所及び実施の期間
• 騒音・振動の防止の方法
• 特定建設作業の種類と使用機械の名称・形式
• 作業の開始及び終了時間
• 添付書類には、特定建設作業の工程が明示された建設工事の工程表と作業場所付近の見取り図

3 規制基準

出題頻度 ★★★

　騒音については、「特定建設作業の騒音が敷地境界線において85dBを超えないこと」という規制基準が定められている。

■ 特定建設作業の規制に関する基準

項目	第1号区域	第2号区域
作業禁止時間帯	午後7時から翌日の午前7時	午後10時から翌日の午前6時
1日の作業時間	10時間	14時間
連続作業期間	6日以内	
作業禁止日	日曜日その他の休日	

point ▶ ワンポイントアドバイス

適用除外される例
災害や非常事態が発生したとき、あるいは1日だけで終了する作業は、適用除外される。

問1　特定建設作業　R2-後No.40　　→ 1 特定建設作業

　騒音規制法上、建設機械の規格などにかかわらず特定建設作業の対象とならない作業は、次のうちどれか。ただし、当該作業がその作業を開始した日に終わるものを除く。

(1)　バックホウを使用する作業
(2)　トラクタショベルを使用する作業
(3)　クラムシェルを使用する作業
(4)　ブルドーザを使用する作業

> 解説　クラムシェルとは、クレーンの先端にワイヤで吊られたクラムシエルバケットを装備して土砂を掘削する削機のこと。騒音は比較的少ないため該当しない。　　　　　　　　　　　　　　　　　　　　解答　(3)

問2　特定建設作業の届出　R1-後No.40　　→ 2 届出

　騒音規制法上、指定地域内における特定建設作業を伴う建設工事を施工しようとする者が行う、特定建設作業の実施に関する届出先として、正しいものは次のうちどれか。

(1)　環境大臣
(2)　都道府県知事
(3)　市町村長
(4)　労働基準監督署長

> 解説　騒音規制法及び振動規制法の特定建設作業の実施に関する届出先は、市町村長である。　　　　　　　　　　　　　　　　　　　　　　　　　解答　(3)

騒音規制法上、特定建設作業の規制基準に関する測定位置と騒音の大きさに関する次の記述のうち、**正しいもの**はどれか。

(1) 特定建設作業の場所の中心部で75 dB を超えないこと。
(2) 特定建設作業の場所の敷地の境界線で75 dB を超えないこと。
(3) 特定建設作業の場所の中心部で85 dB を超えないこと。
(4) 特定建設作業の場所の敷地の境界線で85 dB を超えないこと。

解説 測定位置は、特定建設作業の場所の敷地の境界線で85 dB を超えないこと。 解答 (4)

振動規制法

1 特定建設作業

出題頻度 ★★★

▶ 振動規制法における特定建設作業

　建設工事として行われる作業のうち、著しい振動を発生する作業であって政令（振動規制法施行令第2条）で定めるものは以下の通りである。ただし、当該作業を開始した日に終わるものを除く。

■ 著しい振動を発生する作業（施行令第2条）

使用機械	作業内容
杭打機	杭打機（もんけん及び圧入式杭打機を除く）、杭抜機（油圧式杭抜機を除く）、または杭打杭抜機（圧入式杭打杭抜機を除く）を使用する作業
鋼球	鋼球を使用して建築物その他の工作物を破壊する作業
舗装版破砕機	舗装版破砕機を使用する作業（作業地点が連続的に移動する作業にあっては、1日における当該作業に係る2地点間の最大距離が50mを超えない作業に限る）
ブレーカ	ブレーカ（手持式のものを除く）を使用する作業（作業地点が連続的に移動する作業にあっては、1日における当該作業に係る2地点間の最大距離が50mを超えない作業に限る）

▶ 地域の指定

　振動を規制する地域として、都道府県知事が指定する区域には、以下の2つがある。

- **第1号区域**：特に静穏の保持を必要とする地域で、住居専用地域、学校、保育所、病院、図書館、特別養護老人ホームなどの敷地から80mの区域
- **第2号区域**：第1号区域以外で静穏が求められる地域で、市町村長の意見を聞いて指定する区域

2 届出

出題頻度 ★★☆

　元請負人は、都道府県知事が定めた指定地域内で特定建設作業を実施しよ

うとするときは、工事開始日の7日前までに、市町村長に届ける（法第14条）。ただし、災害その他非常の事態の発生により、特定建設作業を緊急に行う必要がある場合はこの限りではないが、速やかに届け出なければならない。

[届出の内容]

- 個人の場合は氏名または名称及び住所、法人の場合は代表者の氏名
- 建設工事の目的に係る施設または工作物の種類
- 特定建設作業の場所及び実施の期間
- 騒音・振動の防止の方法
- 特定建設作業の種類と使用機械の名称・形式
- 作業の開始及び終了時間
- 添付書類には、特定建設作業の工程が明示された建設工事の工程表と作業場所付近の見取り図

Ⅲ
第9章
振動規制法

> **point ワンポイントアドバイス**
> **下請負人が実施する場合**
> 下請負人が特定建設作業を実施する場合は、下請負人の氏名または名称、住所を届ける。

3 規制基準 出題頻度 ★★★

振動については、「特定建設作業の振動が敷地境界線において75dBを超えないこと」という規則基準が定められている。

■ 特定建設作業の規制に関する基準

項目	第1号区域	第2号区域
作業禁止時間帯	午後7時から翌日の午前7時	午後10時から翌日の午前6時
1日の作業時間	10時間	14時間
連続作業期間	6日以内	
作業禁止日	日曜日 その他の休日	

> **point ワンポイントアドバイス**
> **適用除外される例**
> 災害や非常事態が発生したとき、あるいは1日だけで終了する作業は、適用除外される。

問1 特定建設作業　H30-後 No.41　　　　　　　　➡ 1 特定建設作業

振動規制法上、特定建設作業の対象とならない建設機械の作業は、次のうちどれか。ただし、当該作業がその作業を開始した日に終わるものを除くとともに、1日における当該作業に係る2地点間の最大移動距離が50mを超えない作業とする。

(1)　ディーゼルハンマ

(2)　舗装版破砕機

(3)　ソイルコンパクタ

(4)　ジャイアントブレーカ

> **解説**　ソイルコンパクタは規制対象外である。舗装版破砕機やブレーカの他に、鋼球を使用して建築物その他の工作物を破壊する作業が規制対象に該当する。　　　　　　　　　　　　　　　　　　　　　　　解答　(3)

問2 特定建設作業の届出　R1-前 No.41　　　　　　➡ 2 届出

振動規制法上、指定地域内において特定建設作業を施工しようとする者が行う、特定建設作業の実施に関する届出先として、<u>正しいもの</u>は次のうちどれか。

(1)　都道府県知事

(2)　所轄警察署長

(3)　労働基準監督署長

(4)　市町村長

> **解説**　騒音規制法及び振動規制法の特定建設作業の実施に関する届出先は、市町村長である。　　　　　　　　　　　　　　　　　　　　解答　(4)

　振動規制法上、特定建設作業の規制基準に関する測定位置と振動の大きさに関する次の記述のうち、正しいものはどれか。

(1)　特定建設作業の場所の中心部で75dBを超えないこと。

(2)　特定建設作業の場所の敷地の境界線で75dBを超えないこと。

(3)　特定建設作業の場所の中心部で85dBを超えないこと。

(4)　特定建設作業の場所の敷地の境界線で85dBを超えないこと。

解説　測定位置は、特定建設作業の場所の敷地の境界線で75dBを超えないこと。なお、騒音規制法の測定位置も同様である（騒音規制値は85dB）。　　　　　　　　　　　　　　　　　　　　　　　　解答　(2)

第10章 港則法

選択問題

1 航路・航法

出題頻度 ★★☆

[定義（法第3条）]
- 雑種船：汽艇、はしけ及び端舟その他ろかいのみをもって運転する船舶
- 特定港：きっ水の深い船舶が出入りできる港または外国船舶が常時出入りする港

[航路（法第12条）] 船舶は、航路内においては、次の場合を除いては、投びょうし、またはえい航している船舶を放してはならない。

- 海難を避けようとするとき。
- 運転の自由を失ったとき。
- 人命または急迫した危険のある船舶の救助に従事するとき。
- 港長の許可を受けて工事または作業に従事するとき。

[航法（法第13条、第15条）] 航路外から航路に入り、または航路から航路外に出ようとする船舶は、航路を航行する他の船舶の進路を避けなければならない。

航路内においては、並行して航行してはならない。他の船舶と行き会うときは、右側を航行しなければならない。また、他の船舶を追い越してはならない。

汽船が港の防波堤の入口または入口付近で他の汽船と出会うおそれのあるときは、入航する汽船は、防波堤の外で出航する汽船の進路を避けなければならない。

[水路の保全（法第23条）] 何人も、港内または港の境界外1万m以内の水面においては、みだりに、バラスト、廃油、石炭から、ごみその他これに類する廃物を捨ててはならない。

港内または港の境界付近において、石炭、石、れんがその他散乱するおそれのある物を船舶に積み、または船舶から卸そうとする者は、これらの物が水面に脱落するのを防ぐため必要な措置をしなければならない。

[喫煙等の制限（法第37条）] 何人も、港内においては、相当の注意をしな

いで、油送船の付近で喫煙し、または火気を取り扱ってはならない。

2 許可・届出

■ 港長の許可を要するもの

項目		内容
移動の制限	（法第6条）	特定港内での一定の区域外への移動、指定されたびょう地からの移動
航路	（法第12条）	航路内に投びょうして行う工事または作業
危険物	（法第22条）	・特定港での危険物の積込、積替または荷卸 ・特定港内または特定港の境界付近での危険物の運搬
灯火など	（法第28条）	特定港内での私設信号の使用
工事などの許可など	（法第31条） （法第32条） （法第34条）	・特定港内または特定港の境界付近での工事または作業 ・特定港内での端艇競争その他の行事 ・特定港内での竹木材の荷卸、いかだのけい留・運行

■ 港長への届出を要するもの

項目		内容
入出港の届出	（法第4条）	特定港への入出港
びょう地	（法第5条）	特定港のけい留施設へのけい留
修繕及び係船	（法第7条）	特定港での汽艇等以外の船舶の修繕または係船
進水等の届出	（法第33条）	特定港内での一定の長さ以上の船舶の進水、ドックへの出入り

---

point ワンポイントアドバイス

汽船

汽船とは、機械力で推進する船である。船舶法施行細則においては、「機械力をもって運航する装置を有する船舶は、蒸気を用いると否とにかかわらず、これを汽船とみなす」と定められている。

問1 **港則法** **R2-後No.42** ➡1 航路・航法

港則法に関する次の記述のうち、**誤っているもの**はどれか。

(1) 船舶は、航路内においては、他の船舶を追い越してはならない。

(2) 船舶は、航路内においては、原則として投びょうし、またはえい航している船舶を放してはならない。

(3) 船舶は、航路内において、他の船舶と行き会うときは右側航行しなければならない。

(4) 汽艇等を含めた船舶は、特定港を通過するときは、国土交通省令で定める航路を通らなければならない。

> 解説 汽艇等以外の船舶は、特定港に出入し、または特定港を通過するには、国土交通省令で定める航路によらなければならない（法第11条）。
>
> 解答 (4)

問2 **許可** **R1-後No.42** ➡2 許可・届出

港則法上、特定港で行う場合に港長の許可を受ける**必要のないもの**は、次のうちどれか。

(1) 特定港内または特定港の境界付近で工事または作業をしようとする者

(2) 船舶が、特定港において危険物の積込、積替または荷卸をするとき

(3) 特定港内において使用すべき私設信号を定めようとする者

(4) 船舶が、特定港を出航しようとするとき

> 解説 船舶が、特定港を出港しようとするときは、港長への届出が必要。許可を受ける必要はない。
>
> 解答 (4)

IV部

必須 問題

工事共通

必須 問題

1 水準測量

出題頻度 ★★★

● 水準測量の用語

名　称	記　号	説　　明
後　視	B.S.	標高のわかっている点に立てた箱尺を視準すること
前　視	F.S.	標高を求めようとする点に立てた箱尺を視準すること
器械高	I.H.	測量器械（レベル）の視準線の標高
地盤高	G.H.	地面の標高
移器点	T.P.	器械を据え換えるために、前視と後視をともに読む点
既知点	B.M.	測量始点となる、標高がわかっている点

● 標高計算（計算例）

B.M.を既知点として、測点No.1の地盤高を求める。

測点	B.S. 〔m〕	F.S. 〔m〕	高低差 昇 (+)	高低差 降 (−)	G.H. 〔m〕	備　　考
B.M.	1.802				5.000	
T.P.1	1.988	1.303	0.499		5.499	高低差＝（後視合計）−（前視合計）
T.P.2	1.326	1.078	0.910		6.409	
No.1		1.435		0.109	**6.300**	
合計	5.116	3.816	1.409	0.109		

No.1（地盤高）= 5.000 +（5.116 − 3.816）= 6.**300** m

2 最新の測量機器

出題頻度 ★★☆

● トータルステーション

トータルステーションとは、<u>光波測距儀の測距機能</u>と<u>セオドライトの測角</u>

機能の両方を一体化した機器。トータルステーションの機器とデータコレク
タ、パソコンを利用するもので、基準点測量、路線測量、河川測量、用地測
量などに用いられる。

　トータルステーションでは、2点間の高低差を直接求めることはできない
が、観測点と視準点の斜距離及び鉛直角を求め、計算により水平距離と高低
差を算出することができる。

● トータルステーションの測定方法

[**鉛直角測定**] 1視準1読定（1方向を見て1回角度を観測する）、望遠鏡を
正反回転した1対回行う。

[**水平角観測**] 1視準1読定、望遠鏡を正反回転した1対回行う。対回内の
観測方向数は5方向以下とする。

[**距離測定**] 1視準2読定を1セットとする。

[**気温・気圧の測定**] 観測開始直前、または終了直後にT.S.の整置測点で
行う。

[**観測の記録**] データコレクタを用いるのが一般的だが、用いない場合に
は観測手簿に記載するものとする。

● 衛星測位システム

[**GNSS測量**] 複数の航法衛星（人工衛星の一種）が航法信号を地上の不特
定多数に向けて電波送信し、それを受信することにより、自己の位置や進路
を知る仕組み・方法である。地上で測位が可能とするためには、可視衛星
（空中を見通せる範囲内の航法衛星）を4機以上必要とする。

[**GNSS測量の応用**] 建設機械にGNSS装置と位置誘導装置を搭載すること
により、オペレータの技術に左右されない、高い精度の盛土、締固めなどの
土工の品質管理が可能となった。

測点No.5の地盤高を求めるため、測点No.1を出発点として水準測量を行い下表の結果を得た。測点No.5の地盤高は次のうちどれか。

測点 No.	距離 〔m〕	後視 〔m〕	前視 〔m〕	高低差 〔m〕 +	高低差 〔m〕 −	備考
1		0.9				測点No.1…地盤高9.0 m
2	20	1.7	2.3			
3	30	1.6	1.9			
4	20	1.3	1.1			
5	30		1.5			測点No.5…地盤高 ☐ m

(1) 6.4 m

(2) 6.8 m

(3) 7.3 m

(4) 7.7 m

解説 下表の計算にまとめ、標高差は後視の合計と前視の合計の差により求める。

測点 No.	後視 〔m〕	前視 〔m〕	高低差 昇 (+)	高低差 降 (−)	地盤高 〔m〕
1	0.9				9.0
2	1.7	2.3		1.4	7.6
3	1.6	1.9		0.2	7.4
4	1.3	1.1	0.5		7.9
5		1.5		0.2	7.7
合計	5.5	6.8	0.5	1.8	

No.5（地盤高）= 9.0 + (0.5 − 1.8) = 7.7

解答 （4）

　下図のように**No.0**から**No.3**まの水準測量を行い、図中の結果を得た。**No.3**の地盤高は次のうちどれか。なお、**No.0**の地盤高は**10.0m**とする。

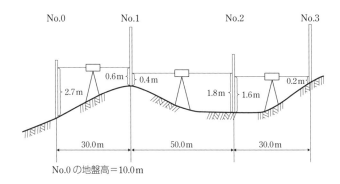

(1) 11.8 m

(2) 11.9 m

(3) 12.0 m

(4) 12.1 m

解説　下表の計算にまとめ、標高差は後視の合計と前視の合計の差により求める。

測点	後視〔m〕	前視〔m〕	高低差		地盤高〔m〕
			昇 (+)	降 (−)	
No.0	2.7				10.0
No.1	0.4	0.6	2.1		12.1
No.2	1.6	1.8		1.4	10.7
No.3		0.2	1.4		12.1
合計	4.7	2.6			

No.3（地盤高）＝ 10.0 +（4.7 − 2.6）＝ 12.1

解答　(4)

公共測量における水準測量に関する次の記述のうち、**適当でないもの**はどれか。

(1)　簡易水準測量を除き、往復観測とする。
(2)　標尺は、2本1組とし、往路と復路との観測において標尺を交換する。
(3)　レベルと後視または前視標尺との距離は等しくする。
(4)　固定点間の測点数は奇数とする。

解説　零点目盛誤差を解消するために、固定点間の測点数は偶数とする。

解答　(4)

　下図のように測点Bにトータルステーションを据え付け、直線ABの延長線上に点Cを設置する場合、その方法に関する次の文章の (イ) 〜 (ハ) に当てはまる語句の組合せで、**適当なもの**は次のうちどれか。

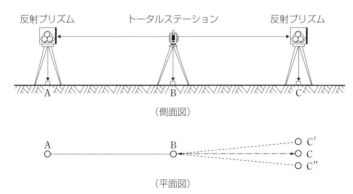

(側面図)

(平面図)

1)　図のようにトータルステーションを測点Bに据え付け、望遠鏡 (イ) で点Aを視準して望遠鏡を (ロ) し、点C'をしるす。
2)　望遠鏡 (ハ) で点Aを視準して望遠鏡を (ロ) し、点C"をしるす。
3)　C'C"の中点に測点Cを設置する。

	（イ）	（ロ）	（ハ）
(1)	正位 …………	反転 …………	反位
(2)	反位 …………	反転 …………	正位
(3)	正位 …………	回転 …………	反位
(4)	反位 …………	回転 …………	正位

解説 トータルステーションの器械誤差を修正するために、視準は「正位」と「反位」について行い平均する。

1) 図のようにトータルステーションを測点Bに据え付け、望遠鏡 （イ）正位 で点Aを視準して望遠鏡を （ロ）反転 し、点C'をしるす。

2) 望遠鏡 （ハ）反位 で点Aを視準して望遠鏡を （ロ）反転 し、点C"をしるす。

3) C'C"の中点に測点Cを設置する。

よって(1)の組合せが適当である。 解答 (1)

Ⅳ
第 1 章
測量

第2章 契約

1 公共工事標準請負契約約款 　出題頻度 ★★★

▶ 約款に定める主な設計図書

［仕様書］ 仕様書には、以下の2つがある。

• **共通仕様書**：工事全般について出来形及び品質を満たす工事目的物を完成させるために、発注機関が定めた仕様書である。

• **特別仕様書**：工事ごとの特殊な条件により、共通仕様書では示すことのできない項目について具体的に規定する仕様書で、特別仕様書を優先する。

［設計図］ 工事に必要な一般平面図、縦横断図、構造図、配筋図、施工計画図、仮設図などにより示す。

［現場説明書・質問回答書］ 入札参加者に示す、工事範囲、工事期間、工事内容、施工計画、提出書類、質疑応答について書面に表したもの。

▶ 契約書

約款に定める「設計図書」には含まれないことに注意する。

［契約の基本条件］ 発注者と請負者は常に対等な立場で、契約書に基づき契約を履行するというのが、契約の基本条件であり、どちらかが一方的に不利になる契約はあり得ない。

［契約書の内容］ 工事名、工事場所、工期、請負代金額、契約保証金などの主な契約内容を示し、発注者、請負者の契約上の権利、義務を明確に定め、発注者、請負者の記名押印をする。

▶ 契約約款に定める主な条項

出題頻度の多い主な契約約款の条項を示す。

［契約の保証（第4条）］ 契約保証金の納付あるいは保証金に代わる担保の提供。

［一括委任又は一括下請負の禁止（第6条）］ 第三者への一括委任または一括下請負の禁止。

［特許権等の使用（第8条）］ 特許権、実用新案権、意匠権、商標権などの使用に関する責任。

［監督員（第9条）］ 発注者から請負者へ監督員の通知及び監督員の権限の内容の通知。

［現場代理人及び主任技術者等（第10条）］ 現場代理人、主任技術者及び専門技術者は兼ねることができる。

［履行報告（第11条）］ 請負者から発注者へ契約の履行についての報告。

［工事材料の品質及び検査等（第13条）］ 品質が明示されない材料は、中等の品質のものとする。

［設計図書不適合の場合の改造義務及び破壊検査等（第17条）］ 工事が設計図書と不適合の場合の改造義務及び発注者側の責任の場合の発注者側の費用負担の義務。

［条件変更等（第18条）］ 図面・仕様書・現場説明書の不一致、設計図書の不備・不明確、施工条件と現場との不一致の場合の確認請求。

［設計図書の変更（第19条）］ 設計図書の変更の際の工期あるいは請負金額の変更及び補償。

［一般的損害（第28条）］ 引渡し前の損害は、発注者側の責任を除き請負者の負担とする。

［第三者に及ぼした損害（第29条）］ 施工中における第三者に対する損害は、発注者側の責任を除いて請負者の負担とする。

［不可抗力による損害（第30条）］ 請負者は、引渡し前に天災などによる不可抗力による生じた損害は、発注者に通知し、費用の負担を請求できる。

［検査及び引渡し（第32条）］ 発注者は、工事完了通知後14日以内に完了検査を行う。

［契約不適合責任（第45条）］ 発注者は請負者に、目的物が契約内容に適合しない場合、目的物の修補または代替物による履行を請求できる。

問1 公共工事標準請負契約約款　R3-前 No.44　➡ 1 公共工事標準請負契約約款

　公共工事標準請負契約約款に関する次の記述のうち、<u>正しいもの</u>はどれか。

(1)　監督員は、いかなる場合においても、工事の施工部分を破壊して検査することができる。

(2)　発注者は、工事の施工部分が設計図書に適合しない場合、受注者がその改造を請求したときは、その請求に従わなければならない。

(3)　設計図書とは、図面、仕様書、現場説明書及び現場説明に対する質問回答書をいう。

(4)　受注者は、工事現場内に搬入した工事材料を監督員の承諾を受けないで工事現場外に搬出することができる。

解説　公共工事標準請負契約約款において、それぞれ定められている。

(1)　同約款（第32条第2項）において、「発注者は、必要があると認められるときは、その理由を受注者に通知して、工事目的物を<u>最小限度破壊して検査することができる</u>」と定められているので誤り。

(2)　同約款（第17条第1項）において、「<u>受注者</u>は、工事の施工部分が設計図書に適合しない場合において、<u>監督員がその改造を請求したときは、当該請求に従わなければならない</u>」と定められているので誤り。

(3)　同約款（第1条第1項）において、設計図書とは「別冊の図面、仕様書、現場説明書及び現場説明に対する質問回答書をいう」と定められているので正しい。

(4)　同約款（第13条第4項）において、「受注者は、工事現場内に搬入した工事材料を<u>監督員の承諾を受けないで工事現場外に搬出してはならない</u>」と定められているので誤り。　　　　　　　　　　　　　　　　　　解答　(3)

問2 公共工事標準請負契約約款　R2-後 No.44　➡1公共工事標準請負契約約款

公共工事標準請負契約約款に関する次の記述のうち、**誤っているもの**はどれか。

(1) 発注者は、必要があると認められるときは、設計図書の変更内容を受注者に通知して設計図書を変更することができる。

(2) 発注者は、特別の理由により工期を短縮する必要があるときは、工期の短縮変更を受注者に請求することができる。

(3) 現場代理人と主任技術者及び専門技術者は、これを兼ねても工事の施工上支障はないので、これらを兼任できる。

(4) 請負代金額の変更については、原則として発注者と受注者の協議は行わず、発注者が決定し受注者に通知できる。

> 解説 公共工事標準請負契約約款第25条 (B) 第1項において、「請負代金額の変更については、発注者と受注者とが協議して行う。ただし、協議開始の日から〇日以内に協議が整わない場合には、発注者が定め、受注者に通知する」と定められている。　　　　　　　　　解答 (4)

問3 設計図書　H29-前 No.44　➡1公共工事標準請負契約約款

公共工事で発注者が示す設計図書に該当しないものは、次のうちどれか。

(1) 現場説明書

(2) 実行予算書

(3) 設計図面

(4) 特記仕様書

> 解説 公共工事標準請負契約約款 (第1条) において、発注者が示す設計図書は下記の通りに定められている。
> ・現場説明書　　・設計図面　　・仕様書　　・質問回答書
> 実行予算書は受注者が作成するものである。　　　　　　　　　解答 (2)

設計

必須 問題

1 設計図

出題頻度 ★★★

▶ 構造図

［擁壁構造図］ 擁壁の高さ、底版、つま先版、かかと版のそれぞれの名称を確認する（過去問チャレンジ問1参照）。

［橋梁上部工構造図］ 床版、横桁、地覆、高欄のそれぞれの名称を確認する（過去問チャレンジ問2参照）。

［道路断面図］ 各記号のそれぞれの名称を確認する（過去問チャレンジ問3参照）。

- D.L.：基準高
- G.H.：地盤高
- F.H.：計画高
- C.A.：切土面積
- B.A.：盛土面積

▶ 配筋図

配筋図は、過去問チャレンジ問4を参照する。

［主筋］ 構造計算における、引張り応力に対抗するための鉄筋である。

［配力筋］ 主筋以外に、コンクリートの温度変化や伸縮などの影響によるひび割れ防止のために配置する鉄筋である。

問1 **擁壁構造図** **R3-前 No.45** ⇒1設計図

　下図は逆T型擁壁の断面図であるが、逆T型擁壁各部の名称と寸法記号の表記として2つとも<u>適当なもの</u>は、次のうちどれか。

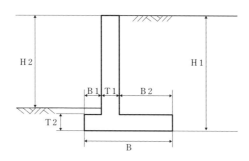

(1) 擁壁の高さH2、つま先版幅B1
(2) 擁壁の高さH1、たて壁厚T1
(3) 擁壁の高さH2、底版幅B
(4) 擁壁の高さH1、かかと版幅B

解説 断面図において擁壁各部の名称と寸法記号の表記は下記の通りである。

H1：擁壁の高さ　　　B1：つま先版幅　T2：底版厚
H2：たて壁地表面高さ　B2：かかと版幅
B：底版幅　　　　　　T1：たて壁厚

解答　(2)

　下図は道路橋の断面図を示したものであるが、（イ）〜（ニ）の構造名称に関する次の組合せのうち、適当なものはどれか。

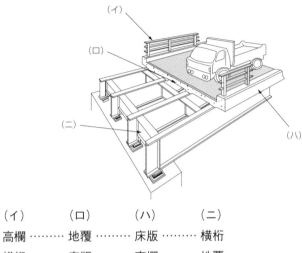

	（イ）	（ロ）	（ハ）	（ニ）
(1)	高欄 ………	地覆 ………	床版 ………	横桁
(2)	横桁 ………	床版 ………	高欄 ………	地覆
(3)	高欄 ………	床版 ………	地覆 ………	横桁
(4)	地覆 ………	横桁 ………	高欄 ………	床版

解説　断面図において道路橋各部の構造名称の表記は下記の通りである。
（イ）高欄　　　（ロ）床板　　　　（ハ）地覆　　　　（ニ）横桁

解答　(3)

下図の道路横断面図に関する次の記述のうち、<u>適当でないもの</u>はどれか。

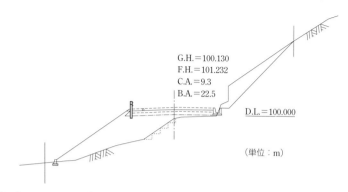

G.H.＝100.130
F.H.＝101.232
C.A.＝9.3
B.A.＝22.5

D.L.＝100.000

（単位：m）

(1)　切土面積は $9.3\,\mathrm{m}^2$ である。

(2)　盛土面積は $22.5\,\mathrm{m}^2$ である。

(3)　盛土高は $100.130\,\mathrm{m}$ である。

(4)　計画高は $101.232\,\mathrm{m}$ である。

解説　(1)　切土面積はC.A.で表されるので適当。

(2)　盛土面積はB.A.で表されるので適当。

(3)　道路横断図において、<u>盛土高は［（F.H.）－（G.H.）］で表される。100.130</u> <u>mはG.H.（地盤高）となるため、不適当</u>。

(4)　計画高はF.H.で表されるので適当。　　　　　　　　　解答　(3)

IV
第
3
章
設
計

下図は逆T型擁壁の断面配筋図を示したものである。たて壁の引張側の主鉄筋の呼び名は次のうちどれか。

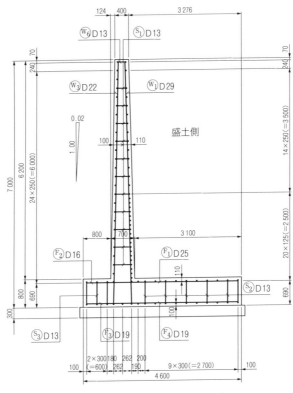

逆T型擁壁の断面配筋図（単位：mm）

(1) D 19

(2) D 22

(3) D 25

(4) D 29

解説 たて壁においては、盛土側に引張力が働き、引張側の主鉄筋は、Ⓦ₁で表されている。よって鉄筋の呼び名は D 29 である。

解答 (4)

施工計画

1 施工計画作成の基本事項 　出題頻度 ★★☆

▶ 施工計画書の作成

　施工計画書は、『土木工事共通仕様書』第1編1-1-4（施工計画書）で「受注者は、工事着手前又は施工方法が確定した時期に工事目的物を完成させるために必要な手順や工法等についての施工計画書を監督職員に提出しなければならない」と規定されている。従って、施工計画書は、受注者の責任において作成するもので、発注者が施工方法などの選択について注文をつけるものではない。

▶ 基本的事項

［施工計画］　施工計画の目標とするところは、工事の目的物を設計図書及び仕様書に基づき所定の工事期間内に、最小の費用でかつ環境、品質に配慮しながら安全に施工できる条件を策定することである。

［施工計画作成］　施工計画作成においては、下記の3点を基本方針として行う。

- 施工計画の決定には、過去の経験を踏まえつつ、常に改良を試み、新工法、新技術の採用に心掛ける。
- 現場担当者のみに頼らず、できるだけ社内の組織を活用して、関係機関及び全社的な高度な技術水準で検討する。
- 1つの計画案だけでなく、複数の代案を作成し、経済性を含め長短を比較検討し最適な計画を採用する。

　施工計画の作成手順としては、下記の通りである。

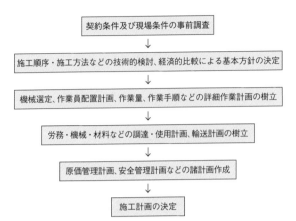

```
契約条件及び現場条件の事前調査
        ↓
施工順序・施工方法などの技術的検討、経済的比較による基本方針の決定
        ↓
機械選定、作業員配置計画、作業量、作業手順などの詳細作業計画の樹立
        ↓
労務・機械・材料などの調達・使用計画、輸送計画の樹立
        ↓
原価管理計画、安全管理計画などの諸計画作成
        ↓
施工計画の決定
```

2 施工体制台帳・施工体系図 　　出題頻度 ★☆☆

▶ 施工体制台帳

　建設業法第24条の8により、特定建設業者の義務として、施工体制台帳及び施工体系図の作成が次のように規定されている。

- 下請契約の**請負金額**が4,000万円以上となる場合には、適正な施工を確保するために施工体制台帳を作成する（建設業法第24条の8第1項）。
- 施工体制台帳には下請人の商号または名称、工事の内容、工期などを記載し、工事現場ごとに備え置く（同第1項）。
- 発注者から請求があったときは、施工体制台帳を閲覧に供しなければならない（同第3項）。

▶ 施工体系図

　特定建設業者は、各下請負人の施工の分担関係を表示した施工体制図を作成し、工事現場の見やすい場所に掲げなければならない（建設業法第24条の8第4項）。

必須問題

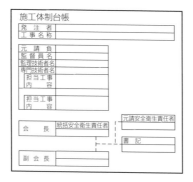

● 施工体制台帳

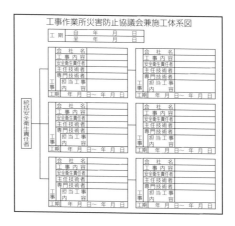

● 施工体系図

3 事前調査検討事項

出題頻度 ★★☆

　事前調査検討事項には、契約条件と現場条件についての事前調査がある。

● 契約条件の事前調査検討事項

　事前調査として最初にすべきことは、契約書、設計図書などから、目的とする構造物に要求されている事項を調査することであり、下記の内容による。

[請負契約書の内容]

- 工期、請負代金の額、事業損失の取扱い
- 不可抗力による損害の取扱い

- 工事の変更、中止による損害の取扱い
- 資材、労務費などの変動に基づく変更の取扱支払
- 工事代金の支払条件
- 工事量の増減に対する取扱い
- 検査の時期及び方法・引渡しの時期

［設計図書の内容］
- 設計内容
- 数量の確認
- 図面、仕様書及び施工管理基準の確認
- 図面と現場の適合の確認
- 現場説明事項の内容
- 仮設における規定の確認

▶ 現場条件の事前調査検討事項

　施工現場における現場条件を調査して、その現場における最適な施工計画を策定するもので、下記のような項目と内容についてチェックを行う。

■ 事前調査検討事項

項 目	内 容
地形	工事用地、測量杭、高低差、地表勾配、危険防止箇所、土取場、土捨場、道水路状況、周辺民家
地質	土質、地層、支持層、トラフィカビリティー、地下水、湧水
気象	降雨量、降雨日数、積雪、風向、風力、気温、日照
水文	河川流況、洪水記録、過去の災害事例、波浪、潮位
電力・水	工事用電源、工事用水、電力以外の動力の必要性
仮設建物施工施設	事務所、宿舎、倉庫、車庫、建設機械置き場、プラント、給油所、電話、電灯、上水道、下水道、病院、保健所、警察、消防
輸送	搬入搬出道路（幅員、舗装、カーブ、交通量、踏切、交通規制、トンネル、橋梁など）、鉄道軌道、船舶
環境	交通問題（交通量、通学路、作業時間制限）、廃棄物処理
公害	騒音、振動、煙、ごみほこり、地下水汚染
用地	境界、未解決の用地及び物件、借地料、耕作物
利権	地上権、水利権、漁業権、林業権、採取権、知的所有権
労力	地元・季節労働者、下請業者、価格・支払条件、発注量、納期
資材	砂、砂利、盛土材料、生コン、コンクリート二次製品、木材
支障物	地上障害物、地下埋設物、隣接構造物、文化財

4 仮設備計画

出題頻度 ★★★

▶ 仮設備計画の要点

　「仮設備」という名の通り永久設備でなく、一般的には工事完成後に撤去される。しかしながら、本工事が適正に、しかも安全に施工されるためには十分な検討が必要となり、仮設備といっても決して手を抜いたりおろそかにしたりしてはならない。仮設備計画には、仮設備の設置は元より、撤去、跡片付けまで含まれる。

　仮設備計画では、本工事が能率的に施工できるよう、工事内容、現地条件にあった適正な規模とする。仮設備が工事規模に対して適正とするためには、「3ム（ムリ、ムダ、ムラ）」のない合理的なものにする。

　仮設備に使用する材料は、一般の市販品を使用して可能な限り規格を統一し、使用後も転用可能にする。

▶ 仮設備の種類

　仮設備には、発注者が指定する指定仮設と、施工者の判断に任せる任意仮設の2種類がある。

［指定仮設］　契約により仕様書、設計図で工種、数量、方法が規定されており、契約変更の対象となる。大規模な土留め、仮締切、築島などの重要な仮設備に適用される。

［任意仮設］　施工者の技術力により工事内容、現地条件に適した計画を立案し、契約変更の対象とはならない。ただし、図面などにより示された施工条件に大幅な変更があった場合には、設計変更の対象となり得る。

▶ 仮設備工事

　仮設備工事は、工事用道路、支保工、安全施設などの本工事施工のために必要な直接仮設工事と、現場事務所、駐車場などの間接的な仮設としての共通仮設工事に分類される。

［直接仮設工事］　本工事に直接必要な仮設備工事であり、主要なものは下

表の通りである。

■ 主な直接仮設工事

設　備	内　容
運搬設備	工事用道路、工事用軌道、ケーブルクレーン、エレベータなど
荷役設備	走行クレーン、ホッパ、シュート、デリック、ウインチなど
足場設備	支保工足場、吊り足場、桟橋、作業床、作業構台など
給水設備	給水管、取水設備、井戸設備、ポンプ設備、計器類など
排水、止水設備	排水溝、ポンプ設備、釜場、ウェルポイント、防水工など
給換気設備	コンプレッサ、給気管、送風機、圧気設備など
電気設備	送電、受電、変電、配電設備、照明、通信設備
安全、防護設備	防護柵、防護網、照明、案内表示、公害防止設備など
プラント設備	コンクリートプラント、骨材、砕石プラントなど
土留め、締切設備	矢板締切、土のう締切など
撤去、跡片付け	各種機械の据付け、撤去

［共通仮設工事］ 本工事に間接的に必要な仮設備工事であり、主要なものは下表の通りである。

■ 主な共通仮設工事

設　備	内　容
仮設建物設備	現場事務所、社員、作業員宿舎、現場倉庫、現場見張所など
作業設備	修理工場、鉄筋、型枠作業所、調査試験室、材料置き場など
車両、機械設備	車庫、駐車場、各種機械室、重機械基地など
福利厚生施設	病院、医務室、休憩所、厚生施設など
その他	その他分類できない設備

5　建設機械計画

出題頻度 ★★★

● 建設機械の選択・組合せ

　建設機械は、**主機械**と**従機械**の組合せにより選択し、決定する。

［主機械］ 主機械とは、土工作業における掘削、積込機械などのように、主作業を行うための中心となる機械のことで、最小の施工能力を設定する。

［従機械］ 従機械とは、土工作業における運搬、敷均し、締固め機械などのように、主作業を補助するための機械のことで、主機械の能力を最大限に活かすため、主機械の能力より高めの能力を設定する。

▶ 施工速度

建設機械の<u>施工速度</u>〔m^3/h〕とは、設定される最大施工量から決まるもので、下記の4つに区分される（なお、E_A、E_W、E_qは各作業時間効率である）。

［平均施工速度Q_A］ 正常損失時間及び偶発損失時間を考慮した施工速度で、工程計画及び工事費見積りの基礎となる。<u>$Q_A = E_A \cdot Q_P$</u>で表される。

［最大施工速度Q_P］ 理想的な状態で処理できる最大の施工量で、製造業者が示す公称能力に相当する。<u>$Q_P = E_q \cdot Q_R$</u>で表される。

［正常施工速度Q_N］ 最大施工速度から正常損失時間を引いて求めた実際に作業できる施工速度である。建設機械の組合せ計画時に、各工程の機械の作業能力を平均化させるために用いる。<u>$Q_N = E_W \cdot Q_P$</u>で表される。

［標準施工速度Q_R］ 1時間当たり処理可能な理論的最大施工量のことである。

過去問チャレンジ（章末問題）

問1 施工計画作成 R2-後 No.48 ➡1施工計画作成の基本事項

施工計画作成の留意事項に関する次の記述のうち、**適当でないもの**はどれか。

(1) 施工計画は、企業内の組織を活用して、全社的な技術水準で検討する。

(2) 施工計画は、過去の同種工事を参考にして、新しい工法や新技術は考慮せずに検討する。

(3) 施工計画は、経済性、安全性、品質の確保を考慮して検討する。

(4) 施工計画は、1つのみでなく、複数の案を立て、代替案を考えて比較検討する。

> **解説** 施工計画は、過去の経験を活かしつつ新技術、新しい工法及び改良に対する努力を行い検討する。　　　　　　　　　　　　　　解答 (2)

問2 施工計画作成 R1-後 No.47 ➡1施工計画作成の基本事項

施工計画に関する次の記述のうち、**適当でないもの**はどれか。

(1) 環境保全計画は、法規に基づく規制基準に適合するように計画することが主な内容である。

(2) 事前調査は、契約条件・設計図書を検討し、現地調査が主な内容である。

(3) 調達計画は、労務計画、資材計画、安全衛生計画が主な内容である。

(4) 品質管理計画は、設計図書に基づく規格値内に収まるよう計画することが主な内容である。

> **解説** 調達計画は、労務計画、資材・機械計画が主な内容となり、安全衛生計画は、安全管理計画の内容である。　　　　　　　　　　　　解答 (3)

　公共工事において建設業者が作成する施工体制台帳及び施工体系図に関する次の記述のうち、**適当でないもの**はどれか。

(1)　施工体制台帳は、下請負人の商号または名称などを記載し、作成しなければならない。

(2)　施工体系図は、変更があった場合には、工事完成検査までに変更を行わなければならない。

(3)　施工体系図は、工事関係者及び公衆が見やすい場所に掲げなければならない。

(4)　施工体制台帳は、その写しを発注者に提出しなければならない。

> **解説**　施工体系図は、変更があった場合には、遅滞なく速やかに変更を行わなければならない。　　　　　　　　　　　　　　　　　　　　　　解答　(2)

施工体制台帳の作成に関する次の記述のうち、適当でないものはどれか。

(1)　公共工事を受注した元請負人が下請契約を締結したときは、その金額にかかわらず施工の分担がわかるよう施工体制台帳を作成しなければならない。

(2)　施工体制台帳には、下請負人の商号または名称、工事の内容及び工期、技術者の氏名などについて記載する必要がある。

(3)　受注者は、発注者から工事現場の施工体制が施工体制台帳の記載に合致しているかどうかの点検を求められたときは、これを受けることを拒んではならない。

(4)　施工体制台帳の作成を義務付けられた元請負人は、その写しを下請負人に提出しなければならない。

> **解説**　建設業法第24条の8第1項において、「施工体制台帳を作成し、工事現場ごとに備え置かなければならない」と定められているが、下請負人に提出することは定められていない。　　　　　　　　　　　　　　　　解答　(4)

施工計画に関する次の記述のうち、適当でないものはどれか。

(1)　調達計画には、機械の種別、台数などの機械計画、資材計画がある。

(2)　現場条件の事前調査には、近接施設への騒音振動の影響などの調査がある。

(3)　契約条件の事前調査には、設計図書の内容、地質などの調査がある。

(4)　仮設備計画には、材料置き場、占用地下埋設物、土留め工などの仮設備の設計計画がある。

> **解説**　契約条件の事前調査では、設計図書の内容などの調査を行うが、地質調査は現場条件の調査で行う。また、占用地下埋設物は既設構造物のため、仮設備計画には含まれない。　　　　　　　　　**解答**　(3)及び(4)

施工計画作成のための事前調査に関する次の記述のうち、適当でないものはどれか。

(1)　近隣環境の把握のため、現場用地の状況、近接構造物、労務の供給などの調査を行う。

(2)　工事内容の把握のため、設計図面及び仕様書の内容などの調査を行う。

(3)　現場の自然条件の把握のため、地質調査、地下水、湧水などの調査を行う。

(4)　輸送、用地の把握のため、道路状況、工事用地などの調査を行う。

> **解説**　近隣環境の把握のため、現場用地の状況、近接構造物などの調査を行うことは、現場条件の事前調査検討事項であるが、労務供給などの調査は労務環境の把握のための調査である。　　　　　　　　　**解答**　(1)

仮設工事に関する次の記述のうち、適当でないものはどれか。

(1) 仮設工事の材料は、一般の市販品を使用し、可能な限り規格を統一するが、他工事には転用しないような計画にする。

(2) 仮設工事には直接仮設工事と間接仮設工事があり、現場事務所や労務宿舎などの設備は、間接仮設工事である。

(3) 仮設工事は、使用目的や期間に応じて構造計算を行い、労働安全衛生規則の基準に合致するか、それ以上の計画とする。

(4) 仮設工事における指定仮設と任意仮設のうち、任意仮設では施工者独自の技術と工夫や改善の余地が多いので、より合理的な計画を立てることが重要である。

> 解説　仮設工事の材料は、できるだけ経済性を重視して他工事にも転用でき、可能な限り規格を統一し、一般の市販品を使用するように努める。　　解答 (1)

仮設工事に関する次の記述のうち、適当でないものはどれか。

(1) 仮設工事には、任意仮設と指定仮設があり、施工業者独自の技術と工夫や改善の余地が多いので、より合理的な計画を立てられるのは任意仮設である。

(2) 仮設工事は、使用目的や期間に応じて構造計算を行い、労働安全衛生規則の基準に合致するかそれ以上の計画としなければならない。

(3) 仮設工事の材料は、一般の市販品を使用し、可能な限り規格を統一し、他工事にも転用できるような計画にする。

(4) 仮設工事には直接仮設工事と間接仮設工事があり、現場事務所や労務宿舎などの設備は、直接仮設工事である。

> 解説　仮設工事には、直接仮設工事と間接仮設工事があり、現場事務所や労務宿舎などの設備は、間接仮設工事に該当する。　　解答 (4)

建設機械の用途に関する次の記述のうち、適当でないものはどれか。

(1)　フローティングクレーンは、台船上にクレーン装置を搭載した型式で、海上での橋梁架設などに用いられる。

(2)　ブルドーザは、トラクタに土工板（ブレード）を取り付けた機械で、土砂の掘削・押土及び短距離の運搬作業などに用いられる。

(3)　タンピングローラは、ローラの表面に多数の突起をつけた機械で、盛土材やアスファルト混合物の締固めなどに用いられる。

(4)　ドラグラインは、機械の位置より低い場所の掘削に適し、水路の掘削やしゅんせつなどに用いられる。

> 解説　タンピングローラは、ローラの表面に多数の突起をつけた機械で、硬い粘土や厚い盛土の締固めに適する。　　　　解答　(3)

建設機械の作業に関する次の記述のうち、適当でないものはどれか。

(1)　トラフィカビリティーとは、建設機械の走行性をいい、一般にN値で判断される。

(2)　建設機械の作業効率は、現場の地形、土質、工事規模などの現場条件により変化する。

(3)　リッパビリティーとは、ブルドーザに装着されたリッパによって作業できる程度をいう。

(4)　建設機械の作業能力は、単独の機械または組み合わされた機械の時間当たりの平均作業量で表される

> 解説　トラフィカビリティーとは、建設機械の現場の土の上での走行性をいい、締め固めた土をコーンペネトロメータにより測定した値「コーン指数qc」で判断される。N値は、地盤の支持力の推定に利用される。　解答　(1)

建設機械の用途に関する次の記述のうち、適当でないものはどれか。

(1) バックホウは、硬い地盤の掘削ができ、掘削位置も正確に把握できるので、基礎の掘削や溝掘りなどに広く使用される。

(2) タンデムローラは、破砕作業を行う必要がある場合に最適であり砕石や砂利道などの一次転圧や仕上げ転圧に使用される。

(3) ドラグラインは、機械の位置より低い場所の掘削に適し、水路の掘削、砂利の採取などに使用される。

(4) 不整地運搬車は、車輪式（ホイール式）と履帯式（クローラ式）があり、トラックなどが入れない軟弱地や整地されていない場所に使用される。

> 解説　タンデムローラは、一般の土質の締固めに適した機械で、破砕作業には適さない。破砕作業に適するのは、タンピングローラである。
>
> 解答　(2)

1　建設機械の種類と特徴

▶ 建設機械の規格・性能表示

　建設機械は、その機械の種類によって性能の表示方法が異なる。たとえば、掘削系の機械は容量〔m³〕、締固め機械は質量〔t〕で性能を表す。機械名称ごとの性能表示は、下表のようになる。

■ 主な建設機械の性能表示方法

機械名称	性能表示方法
パワーショベル	機械式：平積みバケット容量〔m³〕
バックホウ	油圧式：山積みバケット容量〔m³〕
クラムシェル	平積みバケット容量〔m³〕
ドラグライン	平積みバケット容量〔m³〕
トラクタショベル	山積みバケット容量〔m³〕
クレーン	吊下荷重〔t〕
ブルドーザ	全装備（運転）質量〔t〕
ダンプトラック	車両総質量〔t〕
モータグレーダ	ブレード長〔m〕
ロードローラ	質量（バラスト無〔t〕～有〔t〕）
タイヤ・振動ローラ	質量〔t〕
タンピングローラ	質量〔t〕

▶ 運搬機械の種類と特徴

▫ ブルドーザ

　ブルドーザはトラクタに土工板を取り付けたもので、作業装置により下記の種類に分類される。

［ストレートドーザ］　固定式土工板を付けた基本的なもので、重掘削作業に適する。

［レーキドーザ］　土工板の代わりにレーキを取り付けたもので、抜根に適

する。

[リッパドーザ]　リッパ（爪）をトラクタ後方に取り付けたもので、軟岩掘削に適する。

[スクレープドーザ]　ブルドーザにスクレーパ装置を組み込んだもので、前後進の作業や狭い場所の作業に適する。

◘ ダンプトラック

　ダンプトラックは、建設工事における資材や土砂の運搬に最も多く利用され、次の2種類に分けられる。

[普通ダンプトラック]　最大総質量20t以下で、一般道路走行ができる。

[重ダンプトラック]　最大総質量20t超で、普通条件での一般道路走行はできない。

◉ 掘削機械の種類と特徴

[バックホウ]　アームに取り付けたバケットを手前に引く動作により、地盤より低い場所の掘削に適し、強い掘削力と正確な作業ができる。

[ショベル]　バケットを前方に押す動作により、地盤より高いところの掘削に適する。

[クラムシェル]　開閉式のバケットを開いたまま垂直下方に下ろし、それを閉じることにより土砂をつかみ取るもので、深い基礎掘削や孔掘りに適する。

[ドラグライン]　ロープで懸垂された爪付きのバケットを落下させ、別のロープで手前に引き寄せることにより土砂を掘削するもので、河川などの広くて浅い掘削に適する。

[クローラ（履帯）式トラクタショベル]　履帯式トラクタに積込み用バケットを装着したもので、履帯接地長が長く軟弱地盤の走行に適するが、掘削力は劣る。

[ホイール（車輪）式トラクタショベル]　車輪式トラクタにバケット装着したもので、走行性がよく機動性に富む。

バックホウ

ブルドーザ

スクレープドーザ

自走式スクレーパ

● 運搬・掘削機械

▶ 締固め機械の種類と特徴

［ロードローラ］ 最も一般的な締固め機械で、静的圧力により締め固めるもので、マカダム型・タンデム型の2種がある。盛土表層、路床、路盤に使用され、高含水比の粘性度や均一な粒径の砂質土には適さない。

［タイヤローラ］ 空気圧の調節により各種土質に対応可能な機械である。砕石などには空気圧を上げ接地圧を高くし、粘性土などには空気圧を下げ接地圧を低くして使用する。

［振動ローラ］ 起振機により振動を与えて締固めを行うもので、粘性に乏しい礫、砂質土に適する。

［タンピングローラ］ 鋼板製の中空円筒に突起（フート）を取り付けて締固めを行うものである。突起の先端に荷重が集中し、岩塊や土塊の破砕及び硬い粘土や厚い盛土の締固めに適する。

［振動コンパクタ］ 起振機を平板上に取り付けたもので、人力作業で狭い場所に適する。含水比が適当であれば各種土質に使用されるが、礫または砂質土の締固めに最適である。

［タンパ］ 小型ガソリン機関の回転力をクランクにより往復運動に変換し、付き固め主体の機械である。締固め板の面積が小さく、構造物に接した部分や、狭小部分の締固めに適する。

［ランマ］ 小型ガソリン機関の爆発力を利用し、本体を跳ね上げ突き固めるものである。適用土質範囲が広く、栗石や塑性土の締固めにも使用される。

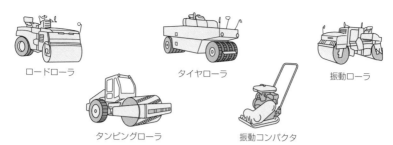

ロードローラ　　　　　タイヤローラ　　　　　振動ローラ

タンピングローラ　　　　　振動コンパクタ

● 締固め機械

2 工事用電力設備・原動機

出題頻度 ★★☆

▶ 工事用電力設備（受電設備）

［電気設備の容量決定］　工事途中に受電容量不足が生じないように余裕を持たせる。

［契約電力］　電灯、動力を含め<u>50 kW 未満のものについては、電気供給契約は低圧とする</u>。

［高圧受電］　現場内の自家用電気工作物に配電する場合、<u>電力会社との責任分界点の近くに保護施設を備えた受電設備を設置する</u>。

［自家用受変電設備の位置］　一般に、できるだけ<u>負荷の中心から近い位置</u>を選定する。

▶ 原動機

　建設機械用の原動機には、<u>電動機（モータ）と内燃機関（エンジン）</u>があり、それぞれの特性に応じて使い分けられる。それぞれの特徴を整理すると、下記のようになる。

［電動機（モータ）］　始動、停止などの運転操作が容易であり、<u>故障が少ない。排気ガスがなく騒音、振動が少ない</u>などの環境保全には優れていて、電力供給が整備されており、移動性を要しない場合に有利である。

［内燃機関（エンジン）］　<u>機動性に優れており、寒冷地、水中作業、傾斜地などの過酷な条件下でも運転が可能である</u>が、機械的衝撃、騒音、振動が大きく環境面ではやや不利となる。

問1 **建設機械の用途** R1-前No.46　　　⇒1 建設機械の種類と特徴

建設機械の用途に関する次の記述のうち、適当でないものはどれか。

(1)　ドラグラインは、ワイヤロープによってつり下げたバケットを手前に引き寄せて掘削する機械で、しゅんせつや砂利の採取などに使用される。

(2)　ブルドーザは、作業装置として土工板を取り付けた機械で、土砂の掘削・運搬（押土）、積込みなどに用いられる。

(3)　モータグレーダは、路面の精密な仕上げに適しており、砂利道の補修、土の敷均しなどに用いられる。

(4)　バックホウは、機械が設置された地盤より低い場所の掘削に適し、基礎の掘削や溝掘りなどに使用される。

> 解説　ブルドーザは、作業装置として土工板を取り付けた機械で、土砂の掘削・運搬（押土）などに用いられるが、積込みには適さない。　　解答　(2)

問2 **建設機械の性能表示** H26-No.46　　　⇒1 建設機械の種類と特徴

工事用建設機械の機械名とその性能表示との次の組合せのうち、適当でないものはどれか。

　　　[機械名]　　　　　　　　　　　　[性能表示]
(1)　モータグレーダ ……………………… ブレード長〔m〕
(2)　ブルドーザ …………………………… 質量〔t〕
(3)　振動ローラ …………………………… ローラ幅〔m〕
(4)　トラクタショベル（ローダ）……… バケット容量〔m³〕

> 解説　振動ローラの性能表示は、質量〔t〕で表す。　　解答　(3)

　ダンプトラックを用いて土砂を運搬する場合、時間当たり作業量（地山土量）Qとして、次のうち正しいものはどれか。

　ただし、土質は普通土（土量変化率 L = 1.2　C = 0.9 とする）

$$Q = \frac{q \times f \times E \times 60}{Cm} \ (m^3/h)$$

ここに q：1回の積載土量 5.0 m³　　f：土量換算係数

　　　 E：作業効率 0.9　　　　　　Cm：サイクルタイム（25 min）

(1)　9 m³/h

(2)　10 m³/h

(3)　11 m³/h

(4)　12 m³/h

IV
第**5**章
建設機械

　解説　ダンプトラックの時間当たり作業能力は下式で表される。

$$Q = \frac{q \times f \times E \times 60}{Cm}$$

ここで、Q：1時間当たり作業量〔m³/h〕

　　　　q：1回当たり積載土量 = 5.0 m³

　　　　E：作業効率 = 0.9

　　　　Cm：サイクルタイム = 25 min

　　　　f：土量換算係数 = $\dfrac{1}{L}$（L = 1.2）（地山の場合 C=1 とする）

$$Q = \frac{q \times f \times E \times 60}{Cm} = \frac{5.0 \times \left(\dfrac{1}{1.2}\right) \times 0.9 \times 60}{25} = 9\,m^3/h$$

解答　(1)

　建設現場で広く用いられる工事用機械のポンプに関する次の記述のうち、**適当でないもの**はどれか。

(1)　容積ポンプは、ピストンなどの往復運動やロータ、歯車の回転により液体に圧力を与える構造で往復ポンプと回転ポンプの種類がある。

(2)　容積ポンプは、粘性のある油・塗料などの圧送用ポンプなどに使用される。

(3)　ターボポンプは、羽根車をケーシング内で回転させ液体に圧力を与える構造で遠心ポンプ、斜流ポンプ、軸流ポンプの種類がある。

(4)　ターボポンプは、工事用排水ポンプやコンクリートポンプに使用される。

解説　ターボポンプは、上下水道に多く使用されるが、コンクリートポンプには利用されない。

解答　(4)

工程管理

必須 問題

1 工程管理の基本事項

出題頻度 ★★☆

工程管理の目的・内容

工程管理の目的は、**工期、品質、経済性**の3条件を満たす合理的な工程計画を作成することである。進度、日程管理だけが目的ではなく、安全、品質、原価管理を含めた総合的な管理手段である。

工程計画の直接的な目的は工期の確保であり、作成手順は下記の通りである。

❶ 各工程の施工手順を決める。

❷ 各工程の適切な施工期間を決める。

❸ 全工程期間を通じて工種別工程の繁閑の度合いを調整する。

❹ 各工程がそれぞれ工期内に完了するよう計画する。

❺ 工程計画は、これらを図表化して各種工程表を作成し、実施と検討の基準として使用する。

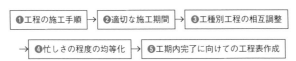

工程管理の内容は、施工計画の立案・計画を施工面で実施する**統制機能**と、施工途中で評価などの処置を行う**改善機能**に大別できる。

▶ 工程管理手順

工程管理の手順は、下記のようなPDCAサイクルを回して行う。

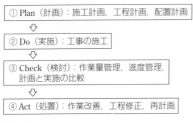

● 工程管理手順

2 各種工程表

出題頻度 ★★☆

▶ 工程表の種類

[ガントチャート工程表（横線式）] <u>縦軸に工種（工事名や作業名）、横軸に作業の達成度をパーセントで表示</u>する。各作業の必要日数はわからず、工期に影響する作業は不明である。

作業 ＼ 達成度[%]	10	20	30	40	50	60	70	80	90	100
準　　備　　工										
支　保　工　組　立										
型　　枠　　製　　作										
鉄　　筋　　加　　工										
型　　枠　　組　　立										
鉄　　筋　　組　　立										
コンクリート打設										
コンクリート養生										
型枠・支保工解体										
後　　片　　付　　け										

　　　　　　　　　　　　　　　　　　　　　　 ⬜ 予定
　　　　　　　　　　　　　　　　　　　　　　 ⬛ 実施（50％終了時）

● ガントチャート工程表

[バーチャート工程表（横線式）] <u>ガントチャートの横軸の達成度を工期あるいは日数に設定して表示</u>する。漠然とした作業間の関連は把握できるが、工期に影響する作業は不明である。

必須問題

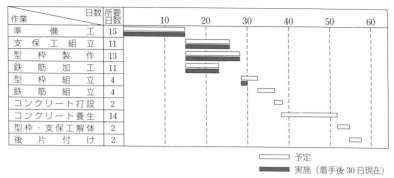

作業	所要日数	10	20	30	40	50	60
準　備　工	15						
支　保　工　組　立	11						
型　枠　製　作	13						
鉄　筋　加　工	11						
型　枠　組　立	4						
鉄　筋　組　立	4						
コンクリート打設	2						
コンクリート養生	14						
型枠・支保工解体	2						
後　片　付　け	2						

　　　　　　　　　　□ 予定
　　　　　　　　　　■ 実施（着手後 30 日現在）

● バーチャート工程表

［斜線式工程表］ 縦軸を工期、横軸を延長として、作業ごとに1本の斜線で、作業期間、作業方向、作業速度を示す。トンネル、道路、地下鉄工事のような線的な工事に適しており、作業進度がひと目でわかるが、作業間の関連は不明である。

［グラフ式工程表］ 工期を横軸に、施工量の集計または完成率（出来高）を縦軸として、工事の進行をグラフ化して表現する。作業が順序よく進む工種に適しているが、作業間の関連は不明である。

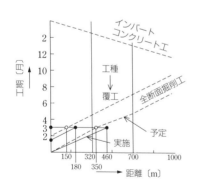

● 斜線式工程表

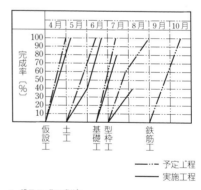

● グラフ式工程表

［累計出来高曲線工程表（S字カーブ）］ 縦軸を工事全体の累計出来高〔％〕、横軸を工期〔％〕として、出来高を曲線で示す。毎日の出来高と工期の関係の曲線は山形、予定工程曲線はS字形となるのが理想である。

　一般に、工事の初期では仮設や段取り、終期には仕上げや後片付けのた

め、工程速度は中期（最盛期）より1日の出来高が低下するのが普通である。

　毎日の出来高は工事の初期から中期に向かって増加し、中期から終期に向かって減少していくことから、累計出来形曲線は編曲線を持つS型の曲線となる。

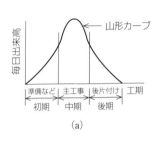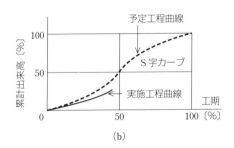

● 累計出来高曲線工程表

［工程管理曲線工程表（バナナ曲線）］　工程曲線について、許容範囲として**上方許容限界線**と**下方許容限界線**を示したものである。実施工程曲線が上限を越えると工程にムリ、ムダが発生しており、下限を越えると突貫工事を含め工程を見直す必要がある。

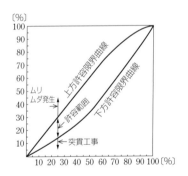

● バナナ曲線

［ネットワーク式工程表］　各作業の開始点（イベント○）と終点（イベント○）を矢線（→）で結ぶ。矢線の上に作業名、下に作業日数を書き入れたものを**アクティビティ**といい、全作業のアクティビティを連続的にネットワークとして表示したものである。作業進度と作業間の関連も明確となり、複雑な工事に適する。

必須問題

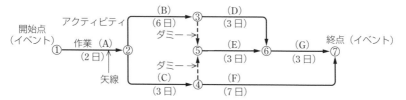

● ネットワーク式工程表

各種工程表の比較

主な工程表について比較すると下表のようになる。

■ 主な工程表の特徴

項　　目	ガントチャート	バーチャート	曲線・斜線式	ネットワーク式
作業の手順	不明	漠然	不明	判明
作業に必要な日数	不明	判明	不明	判明
作業進行の度合い	判明	漠然	判明	判明
工期に影響する作業	不明	不明	不明	判明
図表の作成	容易	容易	やや複雑	複雑
適する工事	短期、単純工事	短期、単純工事	短期、単純工事	長期、大規模工事

3 ネットワーク式工程表 　出題頻度 ★★★

ネットワーク式工程表の作成

[工程表の表示]　ネットワーク式工程表は、イベント（結合点）、アロー（矢線）、ダミー（点線）などで表される。アローの上に作業名、下に作業日数を表示したものをアクティビティという。

■ ネットワーク式工程表の表記と意味

名称	表示記号	内　　容
イベント	①、②、③	作業の結合点を表す
アロー	→	作業を表す
ダミー	……→	所要時間0の擬似作業で表す

[作成上の注意点]

• 同一イベント番号が2つ以上あってはならない。

- 同一イベントから始まり、同一イベントに終わるアローが2つ以上あってはならない（ダミーにより処理する）。
- 先行作業がすべて終了しなければ、後続作業を開始してはならない。
- ネットワーク上で、サイクルができてはならない。

[**工程表作成例**]　例として、下図のようなネットワーク工程表を作成する。

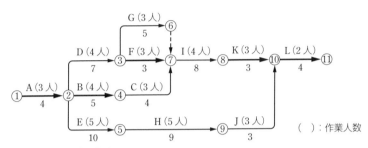

● ネットワーク式工程表の作成

▶ 所要日数計算

　上記のネットワーク工程表の例において、各所要日数などの計算を行う。

[**ダミー**]　所要時間0の擬似作業を点線で表す。

> ⑥→⑦及び⑨→⑧の点線

[**クリティカルパス**]　作業開始から終了までの経路の中で、所要日数が最も長い経路である（トータルフロートが0となる線を結んだ経路）。クリティカルパス上のアクティビティ（作業）の最早開始時刻と最遅完了時刻は等しく、フロート（余裕時間）は0である。

　クリティカルパスは1本とは限らないので、すべての経路について計算を行うことが重要である。クリティカルパス以外のアクティビティ（作業）でも、フロート（余裕時間）を消化してしまうとクリティカルパスになる。また、クリティカルパスでなくてもフロート（余裕時間）の非常に小さいものは、クリティカルパスに準じて重点管理する。ダミーはクリティカルパスに含まれることがある。

　全体の工程を短縮するためには、クリティカルパス上の工程を短縮しなければならない。クリティカルパスの所要日数が、総所要日数となる。

　必須問題

【例】上記のネットワーク工程表の例において、クリティカルパスを求める。

【答】すべての経路の所要日数を計算する。
(1) ①→②→③→⑥→⑦→⑧→⑩→⑪　　4+7+5+8+3+4 = 31日
(2) ①→②→③→⑦→⑧→⑩→⑪　　　　4+7+3+8+3+4 = 29日
(3) ①→②→④→⑦→⑧→⑩→⑪　　　　4+5+4+8+3+4 = 28日
(4) ①→②→⑤→⑨→⑧→⑩→⑪　　　　4+10+9+3+4 = 30日
(5) ①→②→⑤→⑨→⑩→⑪　　　　　　4+10+9+3+4 = 30日
従って、①→②→③→⑥→⑦→⑧→⑩→⑪の経路がクリティカルパスで、
所要日数は、31日となる。

［最早開始時刻］ 各イベントにおいて作業を最も早く開始できる時刻で、
計算手順は以下の通りである（イベントに到達する最大値）。
• 出発点の最早開始時刻は0とする。
• 順次、矢線に従って所要日数を加えていく。
• 2本以上の矢線が入ってくる結合点では、最大値が最早開始時刻となる。

【例】イベント⑦における最早開始時刻を求める。

【答】イベント⑦に到達する各ルートの日数を計算する。
(1) ①→②→③→⑥→⑦　　4+7+5 = 16日
(2) ①→②→③→⑦　　　　4+7+3 = 14日
(3) ①→②→④→⑦　　　　4+5+4 = 13日
最大値の16日が最早開始時刻となる。

［最遅完了時刻］ イベントを終点とするすべての作業が完了していなけれ
ばならない時刻で、計算手順は以下の通りである（ネットワークの最終点か
ら逆算したイベントまでの最小値）。
• 最終結合点から出発点に戻る。
• 最終結合点の最早開始時刻より、順次各作業の所要日数を引いていく。
• 2本以上の矢線が分岐する結合点では、最小値が最遅完了時刻となる。

【例】イベント③における最遅完了時刻を求める。

【答】イベント③から分岐するルートの日数を計算する。
(1) ③→⑥→⑦→⑧→⑩→⑪ $31-4-3-8-5=11$日
(2) ③→⑦→⑧→⑩→⑪ $31-4-3-8-3=13$日
最小値の11日が最遅完了時刻となる。

● フロート（余裕時間）

　フロートとは、各作業についてその作業がとり得る余裕時間のことで、主に、トータルフロート（全余裕）及びフリーフロート（自由余裕）がよく使われる。

[トータルフロート]　作業を最早開始時刻で始め、最遅完了時刻で完了する場合に生じる余裕時間をトータルフロートといい、以下の性質がある。
- トータルフロートが0ならば、他のフロートも0である。
- トータルフロートはそのアクティビティのみでなく、前後のアクティビティに関係があり、1つの経路上では従属関係となる。

[フリーフロート]　作業を最早開始時刻で始め、後続作業も最早開始時刻で始める場合に生じる余裕時間をフリーフロートといい、以下の性質がある。
- フリーフロートは必ずトータルフロートより等しいか小さい。
- フリーフロートは、これを使用しても後続するアクティビティには何らの影響を及ぼすものではなく、後続するアクティビティは最早開始時刻で開始することができる。

【例】作業Eにおけるトータルフロート及びフリーフロートを求める。

【答】
・⑤における最早開始時刻：$4+10=14$日
・⑤における最遅完了時刻：$31-4-3-9=15$日
(1) トータルフロート　（⑤の最遅完了時刻）−（②の最早開始時刻＋作業Eの所要日数）$=15-(4+10)=\underline{1\,日}$
(2) フリーフロート　（⑤の最早開始時刻）−（②の最早開始時刻＋作業Eの所要日数）$=14-(4+10)=\underline{0\,日}$

問1 **工程管理の目的・内容** R2-後No.50 ➡1 工程管理の基本事項

工程管理に関する次の記述のうち、適当でないものはどれか。

(1) 工程表は、常に工事の進捗状況を把握でき、予定と実績の比較ができるようにする。

(2) 工程管理では、作業能率を高めるため、常に工程の進捗状況を全作業員に周知徹底する。

(3) 計画工程と実施工程に差が生じた場合は、その原因を追及して改善する。

(4) 工程管理では、実施工程が計画工程よりも、下回るように管理する。

解説 工程管理にあたっては、ある程度の余裕を持たせることが必要であり、実施工程が計画工程より、やや上回るように管理する。 解答 (4)

問2 **工程管理の目的・内容** R1-後No.50 ➡1 工程管理の基本事項

工程管理に関する次の記述のうち、適当でないものはどれか。

(1) 工程表は、工事の施工順序と所要の日数などを図表化したものである。

(2) 工程計画と実施工程の間に差が生じた場合は、あらゆる方面から検討し、また原因がわかったときは、速やかにその原因を除去する。

(3) 工程管理にあたっては、実施工程が工程計画より、やや上回るように管理する。

(4) 工程表は、施工途中において常に工事の進捗状況が把握できれば、予定と実績の比較ができなくてもよい。

解説 工程表は、施工途中において常に工事の進捗状況を把握する必要あり、予定と実績の比較を常に行うことにより、工程のみならず品質を含め経済性の管理が可能となる。 解答 (4)

工程表の種類と特徴に関する下記の文章中の＿＿＿＿の（イ）〜（ニ）に当てはまる語句の組合せとして、**適当なもの**は次のうちどれか。

・　（イ）　は、縦軸に作業名を示し、横軸にその作業に必要な日数を棒線で表した図表である。

・　（ロ）　は、縦軸に作業名を示し、横軸に各作業の出来高比率を棒線で表した図表である。

・　（ハ）　工程表は、各作業の工程を斜線で表した図表であり、　（ニ）　は、作業全体の出来高比率の累計をグラフ化した図表である。

	（イ）	（ロ）	（ハ）	（ニ）
(1)	ガントチャート	出来高累計曲線	バーチャート	グラフ式
(2)	ガントチャート	出来高累計曲線	グラフ式	バーチャート
(3)	バーチャート	ガントチャート	グラフ式	出来高累計曲線
(4)	バーチャート	ガントチャート	バーチャート	出来高累計曲線

解説　工程管理における工程表の種類と特徴に関する問題である。「バーチャート」は、縦軸に作業名を示し、横軸にその作業に必要な日数を棒線で表した図表である。「ガントチャート」は、縦軸に作業名を示し、横軸に各作業の出来高比率を棒線で表した図表である。「グラフ式」工程表は、各作業の工程を斜線で表した図表であり、「出来高累計曲線」は、作業全体の出来高比率の累計をグラフ化した図表である。よって、(3)の組合せが適当である。　　　解答　(3)

工程表の種類 R1-前No.50　　　　　　　　　⇒ 2 各種工程表

工程管理曲線（バナナ曲線）に関する次の記述のうち、適当でないものはどれか。

(1) 出来高累計曲線は、一般的にS字型となり、工程管理曲線によって管理する。

(2) 工程管理曲線の縦軸は出来高比率で、横軸は時間経過比率である。

(3) 実施工程曲線が上方限界を下回り、下方限界を超えていれば許容範囲内である。

(4) 実施工程曲線が下方限界を下回るときは、工程が進み過ぎている。

> 解説　実施工程曲線が下方限界を下回るときは、工程が遅れており工程を見直す必要がある。　　　　　　　　　　　　　　　　　解答　(4)

工程表の種類 H30-前No.50　　　　　　　　　⇒ 2 各種工程表

工程表の種類と特徴に関する次の記述のうち、適当でないものはどれか。

(1) ガントチャートは、各工事の進捗状況がひと目でわかるようにその工事の予定と実績日数を表した図表である。

(2) 出来高累計曲線は、工事全体の実績比率の累計を曲線で表した図表である。

(3) グラフ式工程表は、各工事の工程を斜線で表した図表である。

(4) バーチャートは、工事内容を系統だて作業相互の関連の手順や日数を表した図表である。

> 解説　ガントチャート工程表は、縦軸に工種（工事名や作業名）、横軸に作業の達成度をパーセントで表示する。各作業の実績・必要日数はわからず、工期に影響する作業は不明である。また、バーチャートは、横軸に日数を設定するが、工期に影響する作業は不明である。　　　　解答　(1)及び(4)

下図のネットワーク式工程表について記載している下記の文章中の⬜の (イ) ～ (ニ) に当てはまる語句の組合せとして、正しいものは次のうちどれか。ただし、図中のイベント間のA～Gは作業内容、数字は作業日数を表す。

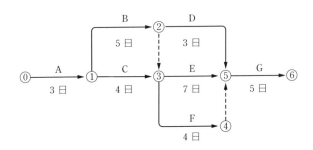

・ ⬜(イ)⬜ 及び ⬜(ロ)⬜ は、クリティカルパス上の作業である。
・ 作業Fが ⬜(ハ)⬜ 遅延しても、全体の工期に影響はない。
・ この工程全体の工期は、⬜(ニ)⬜ である。

	(イ)	(ロ)	(ハ)	(ニ)
(1)	作業C	作業D	3日	19日間
(2)	作業B	作業E	3日	20日間
(3)	作業B	作業D	4日	19日間
(4)	作業C	作業E	4日	20日間

解説 クリティカルパスは、作業開始から終了までの経路の中で、所要日数が最も長い経路について計算する。

⓪→①→②→③→⑤→⑥　　　$3+5+7+5=20$日（作業A、B、E、G）

遅延しても全体の工期に影響はないのは、「トータルフロート」で、（作業E）−（作業F）＝$7-4=3$日である。よって(2)の組合せが適当である。

解答 (2)

　下図のネットワーク式工程表に示す工事のクリティカルパスとなる日数は、次のうちどれか。　ただし、図中のイベント間の **A～G** は作業内容、数字は作業日数を表す。

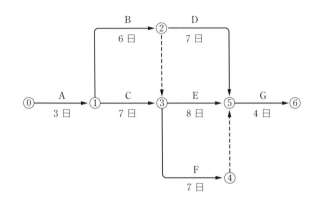

(1)　21 日
(2)　22 日
(3)　23 日
(4)　24 日

解説　クリティカルパスは、作業開始から終了までの経路の中で、所要日数が最も長い経路について計算する。

・⓪→①→②→⑤→⑥　　　　　　　$3 + 6 + 7 + 4 = 20$ 日
・⓪→①→②→③→⑤→⑥　　　　$3 + 6 + 8 + 4 = 21$ 日
・⓪→①→②→③→④→⑤→⑥　$3 + 6 + 7 + 4 = 20$ 日
・<u>⓪→①→③→⑤→⑥</u>　　　　　<u>$3 + 7 + 8 + 4 = 22$ 日</u>
・⓪→①→③→④→⑤→⑥　　　　$3 + 7 + 7 + 4 = 21$ 日

よって、(2)の 22 日が正解である。　　　　　　　　　　　　　　解答　(2)

ネットワーク式工程表の用語に関する次の記述のうち、<u>適当なもの</u>はどれか。

(1)　クリティカルパスは、総余裕日数が最大の作業の結合点を結んだ一連の経路を示す。

(2)　結合点番号（イベント番号）は、同じ番号が2つあってもよい。

(3)　結合点（イベント）は、○で表し、作業の開始と終了の接点を表す。

(4)　擬似作業（ダミー）は、破線で表し、所要時間をもつ場合もある。

解説　(1) クルティカルパスは、<u>トータルフロート（総余裕日数）が0となる線を結んだ一連の経路</u>で、所要日数が最も長い経路であるので、不適である。

(2) イベント番号は、各作業の開始点、終点を表す番号で、同じ番号は2つ以上あってはならないので不適である。

(3) イベントは、各作業の開始点、終点の接点を○で表す。

(4) ダミーは、<u>所要時間0の擬似作業</u>で、破線で表すので不適である。

解答　(3)

必須問題

第 7 章

安全管理

必須 問題

1 安全衛生管理体制

出題頻度 ★★☆

▶ 選任管理者

■ 労働安全衛生法に規定する特定の選任者と選任の基準

選任すべき者	報告先	選任基準
統括安全衛生管理者	労基監督署長	100人以上
安全管理者	労基監督署長	50人以上
衛生管理者	労基監督署長	50人以上
安全衛生推進者	不要	10人以上50人未満
統括安全衛生責任者	労基監督署長	50人以上の下請混在事業場（ずい道、圧気、一定の橋梁工事では30人以上）
元方安全衛生管理者	労基監督署長	統括安全衛生責任者の補佐役として元請負人から選任
安全衛生責任者	特定元方事業者	統括安全衛生責任者の補佐役として下請負人から選任
店社安全衛生管理者	労基監督署長	鉄骨、鉄筋鉄骨工事で20人以上50人未満の混在事業場（ずい道、圧気、一定の橋梁工事では30人未満）
産業医	労基監督署長	50人以上
作業主任者	不要	特定作業で選任、労働者への周知

▶ 作業主任者

■ 作業主任者を選任すべき主な作業（労働安全衛生法施行令第6条）

作業内容	作業主任者	資　格
高圧室内作業	高圧室内作業主任者	免許を受けた者
アセチレン・ガス溶接	ガス溶接作業主任者	免許を受けた者
コンクリート破砕機作業	コンクリート破砕機作業主任者	技能講習を終了した者
2m以上の地山掘削及び土止め支保工作業	地山の掘削及び土止め支保工作業主任者	技能講習を終了した者
型枠支保工作業	型枠支保工の組立て等作業主任者	技能講習を終了した者
吊り、張出し、5m以上足場組立て	足場の組立て等作業主任者	技能講習を終了した者
鋼橋（高さ5m以上、スパン30m以上）架設	鋼橋架設等作業主任者	技能講習を終了した者
コンクリート造の工作物（高さ5m以上）の解体	コンクリート造の工作物の解体等作業主任者	技能講習を終了した者
コンクリート橋（高さ5m以上、スパン30m以上）架設	コンクリート橋架設等作業主任者	技能講習を終了した者

[作業主任者の職務]　作業主任者の職務は下記の 4 点が定められている。

- 材料の欠点の有無を点検し、不良品を取り除くこと。
- 器具、工具、安全帯及び保護帽の機能を点検し、不良品を取り除くこと。
- 作業の方法及び労働者の配置を決定し、作業の進行状況を監視すること。
- 安全帯及び保護帽の使用状況を監視すること。

▶ 労働災害

[労働災害の概要]

- **労働災害の定義**：労働者の就業において、建設物、設備、原材料及び作業の行動などで業務に起因して労働者が負傷、疾病または死亡することをいう。通勤や業務外については含まれない。
- **労働災害の原因**：作業員に起因するもの、第三者に起因するものといった、人的要因のものが大半を占め、安全管理に起因するものが次に多い。
- **建設業の労働災害**：建設業における死傷者数は全産業の 2 割以上を占め、第 3 四半期（10 〜 12 月）に集中する。
- **年齢別被災率**：建設労働者の死亡被災率は、19 歳以下及び 45 歳以上に高くなっている。

[労働災害発生率]　労働災害の発生率は下記の計算で表す。

- **度数率**：災害発生の頻度を示す指標で、100 万労働延べ時間当たりの労働災害による死傷者数で表す。

$$度数率 = \frac{死傷者数}{労働延べ時間数} \times 1{,}000{,}000$$

- **強度率**：災害による労働損失量を示す指標で、1,000 労働延べ時間当たりの労働損失日数で表す。

$$強度率 = \frac{一定時間内の延べ労働損失日数}{一定時間内の労働延べ時間数} \times 1{,}000$$

- **年千人率**：労働者 1,000 人当たりの 1 年間に発生した死傷者数を表す。

$$年千人率 = \frac{年間労働災害による死傷者数}{在籍労働者数} \times 1{,}000$$

- **月万人率**：労働者 1 万人当たりの 1 カ月間に発生した死傷者数を表す。

$$月万人率 = \frac{月間労働災害による死傷者数}{在籍労働者数} \times 10{,}000$$

▶ 安全教育

［工事現場における安全活動］ 現場における安全の確保のために、具体的な安全活動として下記のことを行う。

- **責任と権限の明確化**：安全についての各職員、下請現場監督などの責任と権限を定め、明確にする。
- **作業環境の整備**：安全通路の確保、工事用設備の安全化、工法の安全化、工程の適正化、休憩所の設置などについて検討する。
- **安全朝礼の実施**：作業開始前に作業員を集めその日の仕事の手順や心構え、注意すべき点を話し、服装などの点検、安全体操などを行う。
- **安全点検の実施**：工事用設備、機械器具などの点検及び現場の巡回、施設作業方法の点検を行う。
- **ヒヤリ・ハット活動**：1件の重大なトラブルや災害の裏には、29件の軽微なミス、そして300件のヒヤリ・ハットがあるとされる。

［ツールボックスミーティング］ 作業主任者や現場監督者を中心として、その日の工程を念頭に置き、安全作業を進めるための工夫を作業員と相談しながら行うもので、議題となる内容は下記の点である。

- その日の作業の内容、進め方と安全との関係
- 作業上、特に危険な箇所、気をつける場所の明示とその対策
- 同時作業が行われる場合の注意事項
- 作業の手順と要点
- 現場責任者からの指示、安全目標などの周知
- 作業員の健康状態、服装、保護具などの確認

2 足場工・墜落危険防止 出題頻度 ★★★

▶ 墜落危険防止

労働安全衛生規則（第518条〜）により墜落危険防止対策について、下記に整理する。

［作業床］

- 高さ2m以上で作業を行う場合、足場などにより作業床を設ける。

- 高さ2m以上の作業床の端や開口部などには囲い及び覆いなどを設ける。
- 吊り足場の場合を除き、床材の幅は40cm以上とし、床材間の隙間は3cm以下とする。
- 吊り足場の場合を除き、床材は転位または脱落しないように2以上の指示物に取り付ける。
- 墜落により労働者に危険を及ぼすおそれのある箇所には、下表に示す手すりなどの設備を設ける。

■ 手すりなどの設備

足場の種類	手すりなどの設備
枠組足場	・交差筋かい及び高さ15cm以上40cm以下のさんもしくは高さ15cm以上の幅木またはこれらと同等以上の機能を有する設備 ・手すり枠
枠組足場以外の足場	・高さ85cm以上の手すり、高さ35cm以上50cm以下のさんまたはこれらと同等以上の機能を有する設備

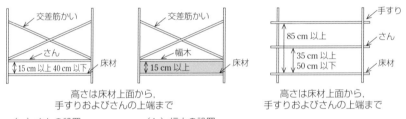

（a）さんの設置　　　　　（b）幅木の設置
● 枠組足場　　　　　　　　　　　　　　　　　● 枠組足場以外の足場（単菅足場）

[危険防止措置] 高さ2m以上で作業を行う場合、作業床を設けることが困難なときは、防網を張り、労働者に安全帯を使用させるなどの措置をして、墜落による労働者の危険を防止しなければならない。作業のため物体が落下することにより、労働者に危険を及ぼすおそれのあるときは、高さ10cm以上の幅木、メッシュシートもしくは防網またはこれらと同等以上の機能を有する設備を設ける。

強風、大雨、大雪などの悪天候時は、危険防止のため高さ2m以上での作業をしてはならない。

高さ2m以上で作業を行う場合、安全作業確保のため、必要な照度を保持しなければならない。

[移動はしご] 丈夫な構造で、材料は著しい損傷、腐食がないものとして、

幅は30cm以上とする。すべり止め及び転位防止の措置を講ずる。

[脚立] 丈夫な構造で、材料は著しい損傷、腐食がないものとする。脚と水平面との角度を75度以下とし、折りたたみ式の場合は開き止めの金具を備える。また、踏み面は、作業を安全に行うために必要な面積を有すること。

作業床を設けることが困難なとき

安全帯

開き止め
金具

75°以内

防網

● 脚立と防網・安全帯

[架設通路] 勾配は30度以下とする。ただし、階段を設けたものまたは高さが2m未満で丈夫な手掛を設けたものはこの限りではない。

勾配が15度を超えるものには、踏さんその他のすべり止めを設ける。

墜落の危険のある箇所には、高さ85cm以上の手すり、高さ35cm以上50cm以下のさんまたは同等以上の機能を有する設備を設ける。

建設工事に使用する高さ8m以上の登り桟橋には、7m以内ごとに踊り場を設ける。

▶ 足場工

労働安全衛生規則（第570条〜）により足場工の安全対策について、下記に整理する。

[鋼管足場（パイプサポート）] 滑動または沈下防止のためにベース金具、敷板などを用いて根がらみを設置する。鋼管の接続部または交差部は、付属金具を用いて、確実に緊結する。

[単管足場] 建地の間隔は、桁行方向1.85m、はり間方向1.5m以下とする。建地間の積載荷重は、400kgを限度とし、地上第一の布は2m以下の位置に設ける。最高部から測って31mを越える部分の建地は2本組とする。

［枠組足場］ 最上層及び5層以内ごとに水平材を設ける。はり枠及び持送り枠は、水平筋かいにより横ぶれを防止する。なお、高さ20m以上のとき、主枠は高さ2.0m以下、間隔は1.85m以下とする。

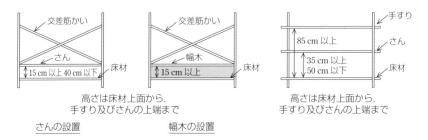

さんの設置　　　　　　　幅木の設置

● 枠組足場　　　　　　　　　　　　　　　　　● 単管足場

［足場の組立てなどの作業］ 吊り足場（ゴンドラの吊り足場を除く）、張出し足場または高さが5m以上の構造の足場の組立て、解体などの作業を行うときは下記の措置を講じる。

- 強風、大雨、大雪などの悪天候が予想されるときは作業を中止する。
- 足場材の緊結、取り外し、受渡しなどの作業では、20cm以上の足場板を設け、労働者に安全帯を使用させるなどの危険防止措置を講じる。
- 材料、器具、工具などを上げる、または下ろすときは、吊り網、吊り袋などを労働者に使用させる。

3 型枠支保工

出題頻度 ★★

● 型枠支保工の安全対策

労働安全衛生規則（第237条〜）により型枠支保工の安全対策について、下記に整理する。

［型枠支保工の措置］ 沈下防止のため、敷角の使用、コンクリートの打設、杭の打込みなど支柱の沈下を防止するための措置を講ずる。また、滑動防止のため、脚部の固定、根がらみの取り付けなどの措置を講ずる。

支柱の継手は、突合せ継手または差込み継手とする。鋼材の接続部または交差部はボルト、クランプなどの金具を用いて、緊結する。

［鋼管支柱（パイプサポートを除く）］ 高さ2m以内ごとに水平つなぎを2方向に設け、かつ、水平つなぎの変位を防止する。はりまたは大引きを上端に載せるときは、鋼製の端板を取り付け、はりまたは大引きに固定する。

［パイプサポート支柱］ パイプサポートは3本以上継いで用いない。

継いで用いるときは、4つ以上のボルトまたは専用の金具で継ぐこと。また、高さが3.5mを超えるときは、2m以内ごとに2方向に水平つなぎを設けること。

［型枠支保工の組立て］ 型枠支保工を組み立てるときは、組立て図を作成する。組立て図には、支柱、はり、つなぎ、筋かいなどの部材の配置、接合の方法及び寸法を明示する。型枠支保工の組立てまたは解体作業を行うときは、作業区域には関係労働者以外の立入りを禁止する。

強風、大雨、大雪などの悪天候が予想されるときは作業を中止する。材料、器具、工具などを上げる、または下ろすときは、吊り網、吊り袋などを労働者に使用させる。

［コンクリート打設作業］ コンクリート打設作業の開始前に型枠支保工の点検を行う。作業中に異常を認めた際には、作業中止のための措置を講じておくこと。

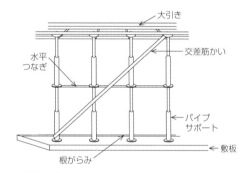

● 型枠支保工

4 掘削作業

出題頻度 ★★☆

▶ 掘削作業の安全対策

［点検調査］ 地山の崩壊または土砂の落下による労働者の危険を防止するため、点検者を指名して、作業箇所及びその周辺について、その日の作業を開始する前、大雨の後及び中震以上の地震の後には、下記の点についてあらかじめ調査を行う。

• 形状、地質、地層の状態

- 亀裂、含水、湧水及び凍結の有無
- 埋設物などの有無
- 高温のガスの有無など

［崩壊防止］ 土砂地盤を垂直に2m以上掘削する場合は、土止め支保工を設ける。市街地や掘削幅が狭いときには、深さ1.5m以上掘削する場合にも、土止め支保工を設ける。法面が長くなる場合は、数段に区切って掘削すること。

［落石予防措置］ 掘削により土石が落下するおそれがあるときは、その下方で作業をしない。また、土石が落下するおそれがあるときは、その下方に通路を設けない。

［機械掘削作業の資格・講習］ 高さ2m以上の掘削作業は、技能講習を修了した作業主任者の指揮により作業を行う。掘削機械、トラックなどは法定の資格を持ち、指名された運転手の他は運転しないこと。

［機械掘削作業における留意事項］
- 作業員の位置に絶えず注意し、作業範囲内に作業員を入れないこと。
- 後進させるときは、後方を確認し、誘導員の指示により後進すること。
- 荷重及びエンジンをかけたまま運転席を離れないこと。また、運転席を離れる場合はバケットなどの作業装置を地上に下ろすこと。
- 斜面や崩れやすい地盤上に機械を置かないこと。
- 既設構造物などの近くを掘削する場合は、転倒、崩壊に十分配慮すること。
- 作業区域をロープ、柵、赤旗などで表示すること。
- 軟弱な路肩、法肩に接近しないように作業を行い、近づく場合は、誘導員を配置すること。
- 道路上で作業を行う場合は、「道路工事保安施設設置基準」に基づいて各種標識、バリケード、夜間照明などを設置すること。

必須問題

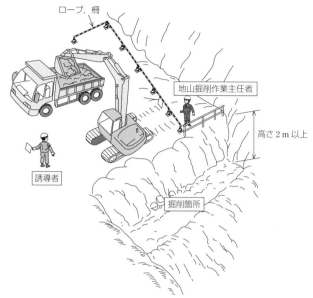

ロープ, 柵

地山掘削作業主任者

高さ2m以上

誘導者

掘削箇所

● 機械掘削作業

▶ 掘削面の勾配

掘削面の勾配は、地山の種類、高さにより下表による。

■ 掘削面の勾配

地山の区分	掘削面の高さ	掘削面の勾配
岩盤または硬い粘土からなる地山	5m未満 5m以上	90度以下 75度以下
その他の地山	2m未満 2m以上〜5m未満 5m以上	90度以下 75度以下 60度以下
砂からなる地山	勾配35度以下または高さ5m未満	
発破などで崩壊しやすい状態になっている地山	掘削面の勾配45度以下または高さ2m未満	

5 土止め支保工（土留め支保工）

▶ 土止め支保工の安全対策

［土止め支保工の設置］　土止め支保工は、掘削深さ1.5mを超える場合に設置するものとし、4mを超える場合は親杭横矢板工法または鋼矢板とする。根入れ深さは、杭の場合は1.5m、鋼矢板の場合は3.0m以上とする。

　鋼矢板はⅢ型以上とし、親杭横矢板工法における土止め杭はH-300以上、横矢板最小厚は3cm以上とする。

　7日を超えない期間ごと、または中震以上の地震の後、大雨などにより地山が急激に軟弱化するおそれのあるときには、部材の損傷、変形、変位及び脱落の有無、部材の接続部、交さ部の状態について点検し、異常を認めたときは直ちに補強または補修をする。

　材料、器具、工具などを上げる、下ろすときは吊り綱、吊り袋などを使用する。

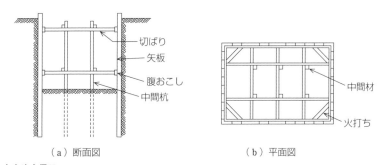

（a）断面図　　　　　　　　　（b）平面図

● 土止め支保工

［部材の取り付け］　切ばり及び腹起しは、脱落を防止するため、矢板、杭などに確実に取り付ける。圧縮材の継手は、突合せ継手とする。切ばりまたは火打ちの接続部及び切ばりと切ばりの交差部は当板を当て、ボルト締めまたは溶接などで堅固なものとする。なお、切ばりなどの作業においては、関係者以外の労働者の立入を禁止する。

［腹起し］　腹起しにおける部材は、H-300以上、継手間隔は6.0m以上とする。腹起しの垂直間隔は3.0m程度とし、頂部から1m程度以内のところに、第1段の腹起しを設置する。

［切ばり］ 切ばりにおける部材は、H-300以上とする。切ばりの水平間隔は5m以下、垂直間隔は3.0m程度とする。切ばりの継手は、突合せ継手とし、座屈に対して水平継材または中間杭で切ばり相互を緊結固定する。

中間杭を設ける場合は、中間杭相互にも水平連結材を取り付け、これに切ばりを緊結固定する。一方向切ばりに対して中間杭を設ける場合は、中間杭の両側に腹起しに準ずる水平連結材を緊結し、この連結材と腹起しの間に切ばりを接続する。二方向切ばりに対して中間杭を設ける場合は、切ばりの交点に中間杭を設置して、両方の切ばりを中間杭に緊結する。

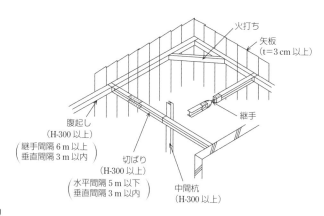

● 切ばり

［土止め工の管理］ 土止め工を設置している間は、常時点検を行い、部材の変形、緊結部の緩みなどの早期発見に努力して事故防止に努める。必要に応じて測定計器を使用し、土止め工に作用する荷重、変位などを測定し安全を確認する。

土止め工を設置している間は、定期的に地下水位、地盤沈下、移動を観測し、異常がある場合は保全上の措置を講じる。

6 クレーン作業・玉掛け作業　　出題頻度 ★☆☆

▶ 移動式クレーン作業の安全対策（クレーン等安全規則）

［用語の定義］

• 移動式クレーン：原動機を内蔵し、かつ、不特定の場所に移動させること

ができるクレーンをいう。

- 建設用リフト：荷のみを運搬することを目的とするエレベータで、土木、建築などの工事の作業に使用されるものをいう。
- 吊り上げ荷重：構造及び材料に応じて負荷させることができる最大の荷重をいう。
- **積載荷重**：構造及び材料に応じてこれらの搬器に人または荷を載せて上昇させることができる最大の荷重をいう。
- **定格荷重**：構造及び材料に応じて負荷させることができる最大の荷重から、それぞれフック、グラブバケットなどの吊り具の重量に相当する荷重を引いた荷重をいう。

[**適用の除外**] クレーン、移動式クレーンまたはデリックで、吊り上げ荷重が0.5 t 未満のものは適用しない。また、エレベータ、建設用リフトまたは簡易リフトで、積載荷重が0.25 t 未満のものは適用しない。

[**配置据付け**] 作業範囲内に障害物がないことを確認し、もし障害物がある場合はあらかじめ作業方法の検討を行う。設置する地盤の状態を確認し、地盤の支持力が不足する場合は、地盤の改良、鉄板などにより、吊り荷重に相当する地盤反力を確保できるまで補強する。

機体は水平に設置し、アウトリガーは作業荷重によって、最大限に張り出す。

荷重表で吊り上げ能力を確認し、吊り上げ荷重や旋回範囲の制限を厳守する。作業開始前に、負荷をかけない状態で、巻過防止装置、警報装置、ブレーキ、クラッチなどの機能について点検を行う。

[**移動式クレーンの作業**] 運転開始後しばらくして、アウトリガーの状態を確認し、異常があれば調整する。吊り上げ荷重が1t未満の移動式クレーンの運転をさせるときは特別教育を行う。移動式クレーンの運転士免許が必要となる（吊り上げ荷重が1～5t未満は運転技能講習修了者で可）。

定格荷重を超えての使用は禁止する。また、軟弱地盤や地下工作物などにより転倒のおそれのある場所での作業は禁止する。

アウトリガーまたはクローラは最大限に張り出さなければならない。一定の合図を定め、指名した者に合図を行わせる。

労働者の運搬、吊り上げての作業は禁止する（ただし、やむを得ない場合は、専用の搭乗設備を設けて乗せることができる）。作業半径内の労働者の立入を禁止する。強風のために危険が予想されるときは作業を禁止する。ま

た、荷を吊ったままでの、運転位置からの離脱を禁止する。

1t未満の吊り上げ荷重の場合,
特別教育が必要

人を吊り上げた状態で運搬や
作業するのは禁止

作業半径内への立入りは禁止

荷を吊った状態で,運転者が運転
位置から離脱するのは禁止

● 移動式クレーンの作業

▶ 玉掛け作業

[**玉掛け作業の安全対策**] 吊り荷に見合った玉掛け用具をあらかじめ用意・点検する。ワイヤロープにうねり、くせ、ねじりが見つかった場合は取り替えるか、直してから使用する。

　移動式クレーンのフックは吊り荷の重心に誘導する。吊り角度と水平面のなす角度は60度以内とする。また、ロープがすべらない吊り角度、当て物、玉掛け位置など荷を吊ったときの安全を事前に確認する。重心の偏ったものなどに対して特殊な吊り方をする場合、事前にそれぞれのロープにかかる荷重を計算して、安全を確認する。

　吊り上げ荷重が1t以上の移動式クレーンの場合には、技能講習を修了した者が玉掛け作業を行う。また、1t未満の移動式クレーンの場合は、特別講習を修了した者が行う。

　ワイヤロープは、最大荷重の6倍以上の切断荷重のものを使用しない。また、ワイヤロープは、1よりの間の素線の数が10%以上切断しているものは使用しない。

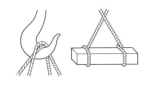

● 玉掛け

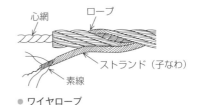

心網　ロープ

ストランド（子なわ）

素線

● ワイヤロープ

1よりの間において素線の数の10%以上の断線があるもの

● 不適格な玉掛け用ワイヤロープ

7 有害・危険作業

出題頻度 ★★

▶ 公衆災害防止対策（建設工事公衆災害防止対策要綱）

[**交通対策（要綱第17～第27）**] 　道路敷地内及びこれに接する作業場で施工する際の道路標識、標示板などの設置、一般交通を迂回させる場合の案内用標示板などの設置、通行制限する場合の車道幅員確保などの安全対策を行うにあたっては、道路管理者及び所轄警察署長の指示に従う。

　道路上または道路に接して夜間工事を行う場合には、作業場を区分する柵などに沿って高さ1.0m程度で、150m前方から視認できる保安灯を設置する。特に交通量の多い道路上で工事を行う場合は、工事中を示す標示板を設置し、必要に応じて夜間200m前方から視認できる注意などを設置する。

[**埋設物（要綱第33～第40）**] 　埋設物に近接して工事を施工する場合には、あらかじめ埋設物管理者及び関係機関と協議し、施工の各段階における埋設物の保全上の措置、実施区分、防護方法、立会いの有無、連絡方法などを決定する。

　埋設物が予想される場所で工事を施工しようとするときは、台帳に基づいて試掘などを行い、埋設物の種類、位置などを原則として目視により確認する。埋設物の予想される位置を高さ2m程度まで試掘を行い、存在が確認されたときは、布掘りまたはつぼ掘りで露出させる。埋設物に近接して掘削を

行う場合は、周囲の地盤の緩み、沈下などに注意し、必要に応じて補強、移設などの措置を講じる。

［土止め工（要綱第41〜第54）］ 掘削深さが1.5mを超えるときは、原則として土止め工を設置する。特に4mを超えるなどの重要な仮設工事には、親杭横矢板、鋼矢板などを用いた確実な土止め工を設置する。

杭、横矢板などの根入れ長は、安定計算、支持力の計算、ボイリング及びヒービングの計算により決定する。重要な仮設工事における根入れ長は、杭の場合は1.5m、鋼矢板の場合は3.0mを下回ってはならない。

［高所作業（要綱第99〜第103）］ 地上4m以上の高さを有する構造物を建設する場合は、原則として、工事期間中作業場の周辺にその地盤面から高さが1.8m以上の仮囲いを設ける。高所作業に必要な材料などについては、原則として、地面上に集積する。

地上4m以上の場所で作業する場合、作業する場所から俯角75度以上のところに交通利用されている場所があるときは、板材などで覆うなどの落下物による危害防止の施設を設ける。

［架空線作業の感電の防止］ 架空線作業における感電防止として、以下を行う。

- 当該充電電路を移設する。
- 感電の危険を防止するための囲いを設ける。
- 当該充電電路に絶縁用防護具を装着する。
- 監視人を置き、作業を監視させる。
- 架空線上空施設への防護カバーを設置する。
- 工事現場の出入り口などにおける高さ制限装置を設置する。
- 架空線など上空施設の位置を明示する看板などを設置する。
- 建設機械ブームなどの旋回・立入禁止区域などを設定する。

▶ 車両系建設機械の安全対策

［建設機械の選定と運用］ 機械選定に際しては、使用空間、搬入・搬出作業及び転倒などに対する安全性を考慮して選定する。使用場所に応じて、作業員の安全を確保するため、適切な安全通路を設けること。

建設機械の運転・操作にあたっては、有資格者及び特別の教育を受けた者

が行う。

［車両系建設機械の安全対策］ 労働安全衛生規則（第152条〜）により車両系建設機械の安全対策について、下記に整理する。

- 照度が保持されている場所を除いて、前照燈を備える。
- 岩石の落下などの危険が生じる箇所では堅固なヘッドガードを備える。
- 転落などの防止のために、運行経路における路肩の崩壊防止、地盤の不同沈下の防止、必要な幅員の確保を図る。
- 接触の防止のために、接触による危険箇所への労働者の立入禁止及び誘導者の配置を行う。
- 一定の合図を決め、誘導者に合図を行わせる。
- 運転位置から離れる場合には、バケット、ジッパーなどの作業装置を地上に下ろし、原動機を止め、走行ブレーキをかける。
- 移送のための積卸しは平坦な場所で行い、道板は十分な長さ、幅、強度、適当な勾配で取り付ける。
- パワーショベルによる荷の吊り上げ、クラムシェルによる労働者の昇降などの主たる用途以外の使用を禁止する。
- 斜面や崩れやすい地盤上に機械を置かない。
- 軟弱な路肩、法肩に接近しないように作業を行い、近づく場合は、誘導員を配置する。
- 道路上で作業する場合は、各種標識、バリケード、夜間照明などを設置する。

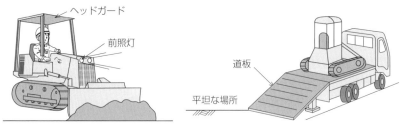

● 車両系建設機械の安全対策

▶ 解体作業の安全対策

［圧砕機、鉄骨切断機、大型ブレーカに必要な措置］ 重機作業半径内への立入禁止措置を講じ、重機足元の安定を確認する。騒音、振動、防塵に対する

周辺への影響に配慮する。二次破砕、小割りは、静的破砕剤を充填後、亀裂・ひび割れが発生した後に行う。

［転倒工法に必要な措置］ 小規模スパン割のもとで施工すること。自立安定及び施工制御のため、引ワイヤなどを設置する。計画に合った足元縁切を行うこと。

　転倒作業は必ず一連の連続作業で実施し、その日中に終了させ、縁切した状態で放置しないこと。

［カッター工法に必要な措置］ 撤去側躯体ブロックへのカッター取り付けを禁止とし、切断面付近にシートを設置して冷却水の飛散防止を図る。切断部材が比較的大きくなるため、クレーンなどによる仮吊り、搬出については、移動式クレーン規則を確実に遵守すること。

［ワイヤソーイング工法に必要な措置］ ワイヤソーに緩みが生じないよう必要な張力を保持する。また、ワイヤソーの損耗には注意を払い、防護カバーを確実に設置すること。

［アブレッシブウォータージェット工法の措置］ 防護カバーを使用し、低騒音化を図る。スラリーを処理すること。

［爆薬などを使用した取壊し作業の措置］ 発破作業に直接従事する者以外の作業区域内への立入禁止措置を講じること。発破終了後は、不発の有無などの安全の確認が行われるまで、発破作業範囲内を立入禁止にする。発破予定時刻、退避方法、退避場所、点火の合図などは、あらかじめ作業員に周知徹底しておくこと。

　穿孔径については、ハンドドリルやクローラドリルなどの削岩機などを用いて破砕リフトの計画高さまで穿孔し、適用可能径の上限を超えないように確認する。コンクリート破砕工法及び制御発破（ダイナマイト工法）においては、十分な効果を期待するため、込物は確実に充填を行うこと。

［静的破砕剤工法の措置］ 破砕剤充填後は、充填孔からの噴出に留意する。また、膨張圧発現時間は気温と関連があるため、適切な破砕剤を使用する。水中（海中）で使用する場合は、材料の流出・噴出に対する安定性及び充填方法ならびに水中環境への影響に十分配慮すること。

問1　労働災害　R3-前 No.58　　　　　　　　➡ 1 安全衛生管理体制

複数の事業者が混在している事業場の安全衛生管理体制に関する下記の文章中の ▢▢▢ の（イ）〜（ニ）に当てはまる語句の組合せとして、労働安全衛生法上、<u>正しいもの</u>は次のうちどれか。

・事業者のうち、1つの場所で行う事業で、その一部を請負人に請け負わせている者を ▢（イ）▢ という。
・ ▢（イ）▢ のうち、建設業などの事業を行う者を ▢（ロ）▢ という。
・ ▢（ロ）▢ は、労働災害を防止するため、▢（ハ）▢ の運営や作業場所の巡視は ▢（ニ）▢ に行う。

	（イ）	（ロ）	（ハ）	（ニ）
(1)	元方事業者	特定元方事業者	技能講習	毎週作業開始日
(2)	特定元方事業者	元方事業者	協議組織	毎作業日
(3)	特定元方事業者	元方事業者	技能講習	毎週作業開始日
(4)	元方事業者	特定元方事業者	協議組織	毎作業日

> **解説**　事業者のうち、1つの場所で行う事業で、その一部を請負人に請け負わせている者は「元方事業者」という。元方事業者のうち、建設業などの事業を行う者は「特定元方事業者」という。特定元方事業者は、労働災害を防止するため、「協議組織」の運営や作業場所の巡視は「毎作業日」に行う。よって、(4)の組合せが適当。　　　　　　　解答　(4)

　特定元方事業者が、その労働者及び関係請負人の労働者の作業が同一の場所において行われることによって生じる労働災害を防止するために講ずべき措置に関する次の記述のうち、労働安全衛生法上、**誤っているもの**はどれか。

(1)　特定元方事業者の作業場所の巡視は毎週作業開始日に行う。

(2)　特定元方事業者と関係請負人との間や関係請負人相互間の連絡及び調整を行う。

(3)　特定元方事業者と関係請負人が参加する協議組織を設置する。

(4)　特定元方事業者は関係請負人が行う教育の場所や使用する資料を提供する。

> **解説** 作業場所の巡視は毎週作業開始日に行うものではなく、<u>毎作業に行う</u>。　　　　　　　　　　　　　　　　　　　　　　　　　　**解答** (1)

　作業主任者を選定する作業内容に関する次の記述のうち、**労働安全衛生法上、誤っているもの**はどれか。

(1)　高さが5m以上のコンクリート造の工作物の解体または破壊の作業には、コンクリート橋架設等作業主任者を選任する。

(2)　土止め支保工の切ばりまたは腹起しの取り付けまたは取り外しの作業には、土止め支保工作業主任者を選任する。

(3)　掘削面の高さ2m以上となる地山の掘削の作業には、地山の掘削作業主任者を選任する。

(4)　ずい道等の掘削等の作業には、ずい道等の掘削等作業主任者を選任する。

> **解説** 高さが5m以上のコンクリート造の工作物の解体または破壊の作業には、<u>コンクリート造の工作物の解体等作業主任者を専任する</u>。　**解答** (1)

墜落による危険を防止する安全ネットに関する次の記述のうち、<u>適当でないもの</u>はどれか。

(1)　安全ネットは、紫外線、油、有害ガスなどのない乾燥した場所に保管する。
(2)　安全ネットは、人体またはこれと同等以上の重さを有する落下物による衝撃を受けたものを使用しない。
(3)　安全ネットは、網目の大きさに規定はない。
(4)　安全ネットの材料は、合成繊維とする。

> 解説　安全ネットに関しては、「墜落による危険を防止するためのネットの構造等の安全基準に関する技術上の指針」に定められており、<u>「網目は、その辺の長さは10cm以下とする」</u>となっている（同指針2-3網目）。　解答　(3)

高さ2m以上の足場（吊り足場を除く）に関する次の記述のうち、労働安全衛生法上、<u>誤っているもの</u>はどれか。

(1)　作業床の手すりの高さは、85cm以上とする。
(2)　足場の床材間の隙間は、5cm以下とする。
(3)　足場の床材が転位し脱落しないように取り付ける支持物の数は、2つ以上とする。
(4)　足場の作業床は、幅40cm以上とする。

> 解説　労働安全衛生規則第563条第1項において、「高さ2m以上の足場の床材の隙間は、<u>3cm以下とする</u>」と定められている。　解答　(2)

高さ**2m以上の足場（吊り足場を除く）**に関する次の記述のうち、労働安全衛生法上、**誤っているもの**はどれか。

(1) 作業床の手すりの高さは、85cm以上とする。

(2) 足場の床材が転位し脱落しないように取り付ける支持物の数は、2つ以上とする。

(3) 作業床より物体の落下のおそれがあるときに設ける幅木の高さは、10cm以上とする。

(4) 足場の作業床は、幅20cm以上とする。

> 解説 労働安全衛生規則第563条第1項において、「足場の作業床は、<u>幅40cm以上</u>とし、床材間の隙間は3cm以下とする」と定められている。 解答 (4)

足場の組立てなどにおける事業者が行うべき事項に関する次の記述のうち、**労働安全衛生規則上、誤っているもの**はどれか。

(1) 組立て、解体または変更の時期、範囲及び順序を当該作業に従事する労働者に周知させること。

(2) 労働者に安全帯を使用させるなど労働者の墜落による危険を防止するための措置を講ずること。

(3) 組立て、解体または変更の作業を行う区域内のうち特に危険な区域内を除き、関係労働者以外の労働者の立入りをさせることができる。

(4) 足場（吊り足場を除く）における作業を行うときは、その日の作業を開始する前に、作業を行う箇所に設けた設備の取り外し及び脱落の有無について点検し、異常を認めたときは、直ちに補修しなければならない。

> 解説 労働安全衛生規則第564条第1項二号において、足場の組立てなどに関して「組立て、解体または変更の作業を行う区域内には、<u>関係労働者以外の労働者の立入りを禁止すること</u>」と定められている。 解答 (3)

型枠支保工に関する次の記述のうち、労働安全衛生法上 、**誤っているも**
のはどれか。

(1)　型枠支保工を組み立てるときは、組立て図を作成し、かつ、この組立て
　　図により組み立てなければならない。
(2)　型枠支保工は、型枠の形状 、コンクリートの打設の方法等に応じた堅
　　固な構造のものでなければならない。
(3)　型枠支保工の組立て等の作業で、悪天候により作業の実施について危険
　　が予想されるときは、監視員を配置しなければならない。
(4)　型枠支保工の組立て等作業主任者は、作業の方法を決定し、作業を直接
　　指揮しなければならない。

> 解説　労働安全衛生規則第245条において、「型枠支保工の組立て等の作業
> で、悪天候により作業の実施について危険が予想されるときは、労働者を
> 従事させてはならない」と定められている。　　　　　　　　　解答　(3)

型枠支保工に関する次の記述のうち、労働安全衛生法上、**誤っているもの**
はどれか。

(1)　コンクリートの打設を行うときは、作業の前日までに型枠支保工につい
　　て点検しなければならない。
(2)　型枠支保工に使用する材料は、著しい損傷、変形または腐食があるもの
　　を使用してはならない。
(3)　型枠支保工を組み立てるときは、組立て図を作成し、かつ、当該組立て
　　図により組み立てなければならない。
(4)　型枠支保工の支柱の継手は、突合せ継手または差込み継手としなければ
　　ならない。

> 解説 労働安全衛生規則244条第1項第一号において、「コンクリートの打設を行うときは、その日の作業を開始する前に、型枠支保工について点検し、異状を認めたときは、補修すること」と定められている。　　解答　(1)

問10　掘削作業の安全対策　R3-前No.48　　⇒ 4 掘削作業

　地山の掘削作業の安全確保に関する次の記述のうち、労働安全衛生法上、事業者が行うべき事項として**誤っているもの**はどれか。

(1)　地山の崩壊または土石の落下による労働者の危険を防止するため、点検者を指名し、作業箇所等について、その日の作業を開始する前に点検させる。

(2)　掘削面の高さが規定の高さ以上の場合は、地山の掘削作業主任者に地山の作業方法を決定させ、作業を直接指揮させる。

(3)　明り掘削作業では、あらかじめ運搬機械等の運行経路や土石の積卸し場所への出入りの方法を定めて、地山の掘削作業主任者のみに周知すれば足りる。

(4)　明り掘削の作業を行う場所は、当該作業を安全に行うため必要な照度を保持しなければならない。

> 解説 労働安全衛生規則第364条において、「明り掘削作業では、あらかじめ運搬機械等の運行経路や土石の積卸し場所への出入りの方法を定めて、関係労働者に周知させる」と定められている。　　解答　(3)

問11　掘削作業の安全対策　R2-後No.53　　⇒ 4 掘削作業

　地山の掘削作業の安全確保に関する次の記述のうち、労働安全衛生法上、事業者が行うべき事項として**誤っているもの**はどれか。

(1)　地山の崩壊または土石の落下による労働者の危険を防止するため、点検者を指名し、作業箇所等について、その日の作業を開始する前に点検させる。

(2)　明り掘削の作業を行う場所は、当該作業を安全に行うため必要な照度を保持しなければならない。

(3) 明り掘削の作業では、あらかじめ運搬機械等の運行の経路や土石の積卸し場所への出入りの方法を定めて、関係労働者に周知させなければならない。

(4) 掘削面の高さが規定の高さ以上の場合は、ずい道等の掘削等作業主任者に地山の作業方法を決定させ、作業を直接指揮させる。

> **解説** 労働安全衛生規則第359条、第360条において、「掘削面の高さが規定の高さ（2m）以上の場合は、<u>地山の掘削作業主任者</u>に地山の作業方法を決定させ、作業を直接指揮させる」と定められている。 　解答 （4）

問12 **掘削作業の安全対策** **H29-前No.54** ➡ 4 掘削作業

事業者が、地山の掘削作業における災害を防止するために実施しなければならない事項に関する次の記述のうち、労働安全衛生法上、**誤っているもの**はどれか。

(1) 労働者に危険を及ぼすおそれがあるときは、作業箇所の形状、地質、亀裂、湧水、埋設物の有無、ガス及び蒸気発生の有無を十分に調査する。

(2) 高さ2m以上の箇所で労働者に安全帯等を使用させるときは、安全帯等を安全に取り付けるための設備等を設ける。

(3) 掘削面の高さが2m以上となる場合は、地山の掘削作業主任者の特別教育を修了した者を地山の掘削作業主任者に選任する。

(4) 作業中に物が落下することにより労働者に危険を及ぼすおそれがあるときは、安全ネットの設置、立入区域の設定等の措置を講ずる。

> **解説** 労働安全衛生規則第359条において、「掘削面の高さが規定の高さ（2m）以上となる場合は、地山の掘削作業主任者の<u>技能講習を修了した者</u>を地山の掘削作業主任者に選任する」と定められている。 　解答 （3）

土止め支保工の安全対策 H23-No.54 ➡ 5 土止め支保工

　土止め支保工を設置して、深さ2m、幅1.5mを掘削する工事を行うときの対応に関する次の記述のうち、**適当なもの**はどれか。

(1)　地山の掘削作業主任者は、ガス導管が掘削途中に発見された場合には、ガス導管を防護する作業を指揮する者を新たに指名し、ガス導管周辺の掘削作業の指揮は行わないものとする。

(2)　鉄筋や型枠などの資材を切ばり上に仮置きする場合は、土止め支保工の設置期間が短期間の場合は、工事責任者に相談しないで仮置きすることができる。

(3)　掘削した土砂は、埋め戻すときまで土止め壁から2m以上離れたところに積み上げるように計画する。

(4)　掘削した溝の開口部には、防護網の準備ができるまで転落しないようにカラーコーンを2mごとに設置する。

解説　(1)　労働安全衛生規則第362条において「事業者は、ガス導管が掘削途中に発見された場合には、ガス導管防護作業指揮者を指名し、掘削作業の指揮を行わせる」と定められているため不適。

(2)　土止め支保工において、切ばりの上には資材などを置くことはできず、また、工事責任者の許可のない作業を行ってはならないため不適。

(4)　労働安全衛生規則第361条において「掘削作業において、地山の崩壊または土石の落下などの危険がある場合は、土止め支保工を設け、防護網を張り、労働者の立入りを禁止する」と定められており、カラーコーンを設置しても認められないため不適。　　　　　　　　　　　　**解答**　(3)

移動式クレーン作業の安全対策 R3-前No.59 ➡ 6 クレーン作業・玉掛け作業

　移動式クレーンを用いた作業において、事業者が行うべき事項に関する下記の文章中の　　　　　の(イ)～(ニ)に当てはまる語句の組合せとして、**クレーン等安全規則上、正しいもの**は次のうちどれか。

・移動式クレーンに、その　(イ)　を超える荷重をかけて使用してはならず、また強風のため作業に危険が予想されるときには、当該作業を　(ロ)　し

なければならない。

・移動式クレーンの運転者を荷を吊ったままで ＿（ハ）＿ から離れさせてはならない。

・移動式クレーンの作業においては、＿（ニ）＿ を指名しなければならない。

	（イ）	（ロ）	（ハ）	（ニ）
(1)	定格荷重	注意して実施	運転位置	監視員
(2)	定格荷重	中止	運転位置	合図者
(3)	最大荷重	注意して実施	旋回範囲	合図者
(4)	最大荷重	中止	旋回範囲	監視員

解説 移動式クレーンに、その「定格荷重」を超える荷重をかけて使用してはならず、また強風のため作業に危険が予想されるときには、当該作業を「中止」しなければならない。また、移動式クレーンの運転者を荷を吊ったままで「運転位置」から離れさせてはならず、移動式クレーンの作業においては、「合図者」を指名しなければならない。よって、(2)の組合せが適当である。　　　　　　　　　　　　　　　　　　　　　解答　(2)

問15 移動式クレーン作業の安全対策　R1-後 No.54 ➡ 6 クレーン作業・玉掛け作業

移動式クレーンを用いた作業において、事業者が行うべき事項に関する次の記述のうち、クレーン等安全規則上、**誤っているもの**はどれか。

(1) 運転者や玉掛け者が、吊り荷の重心を常時知ることができるよう、表示しなければならない。

(2) 強風のため、作業の実施について危険が予想されるときは、作業を中止しなければならない。

(3) アウトリガーまたは拡幅式のクローラは、原則として最大限に張り出さなければならない。

(4) 運転者を、荷を吊ったままの状態で運転位置から離れさせてはならない。

解説 クレーン等安全規則第70条の2において、「運転者や玉掛け者が、吊り荷の定格荷重を常時知ることができるよう、表示しなければならない」と定められている。　　　　　　　　　　　　　　　　　　　　解答　(1)

事業者が、高さが5m以上のコンクリート構造物の解体作業に伴う災害を防止するために実施しなければならない事項に関する次の記述のうち、労働安全衛生法上、**誤っているもの**はどれか。

(1) 工作物の倒壊、物体の飛来または落下等による労働者の危険を防止するため、あらかじめ当該工作物の形状等を調査し、作業計画を定め、これにより作業を行わなければならない。

(2) 労働者の危険を防止するために作成する作業計画は、作業の方法及び順序、使用する機械等の種類及び能力等が示されているものでなければならない。

(3) 強風、大雨、大雪等の悪天候のため、作業の実施について危険が予想されるときは、当該作業を中止しなければならない。

(4) 解体用機械を用いて作業を行うときは、物体の飛来等により労働者に危険が生じるおそれのある箇所に作業主任者以外の労働者を立ち入らせてはならない。

> 解説 労働安全衛生規則第517条の19第1項一号において、「解体用機械を用いて作業を行うときは、物体の飛来または落下による労働者の危険を防止するため、作業に従事する労働者には保護帽を着用させる」と定められている。
>
> 解答 (4)

車両系建設機械の作業に関する次の記述のうち、労働安全衛生法上、事業者が行うべき事項として**正しいもの**はどれか。

(1) 運転者が運転位置を離れるときは、バケット等の作業装置を地上から上げた状態とし、建設機械の逸走を防止しなければならない。

(2) 転倒や転落により運転者に危険が生ずるおそれのある場所では、転倒時保護構造を有するか、または、シートベルトを備えた機種以外を使用しないように努めなければならない。

(3) 運転について誘導者を置くときは、一定の合図を定めて合図させ、運転者はその合図に従わなければならない。

(4) アタッチメントの装着や取り外しを行う場合には、作業指揮者を定め、その者に安全支柱、安全ブロック等を使用して作業を行わせなければならない。

解説 (1) 労働安全衛生規則第160条において、「運転者が運転位置を離れるときは、バケット等の作業装置を地上に下ろした状態とし、建設機械の逸走を防止しなければならない」と定められているので誤り。

(2) 同規則第157条の2において、「転倒や転落により運転者に危険が生ずるおそれのある場所では、転倒時保護構造を有し、かつ、シートベルトを備えた機種以外を使用しないように努めなければならない」と定められているので誤り。

(4) 同規則第166条の2において、「アタッチメントの装着や取り外しを行う場合には、当該作業に従事する労働者に架台を使用して作業を行わせなければならない」と定められているので誤り。　　　　　　　　　　解答 (3)

問18　車両系建設機械の安全対策　R2-後 No.55　　⇒7有害・危険作業

高さ5m以上のコンクリート造の工作物の解体作業に伴う危険を防止するために事業者が行うべき事項に関する次の記述のうち、労働安全衛生法上、**誤っているもの**はどれか。

(1) 強風、大雨、大雪等の悪天候のため、作業の実施について危険が予想されるときは、当該作業を注意しながら行う。

(2) 器具、工具等を上げ、または下ろすときは、吊り綱、吊り袋等を労働者に使用させる。

(3) 解体作業を行う区域内には、関係労働者以外の労働者の立入りを禁止する。

(4) 作業主任者を選任するときは、コンクリート造の工作物の解体等作業主任者技能講習を修了した者のうちから選任する。

解説　労働安全衛生規則第517条の15第1項二号において、「強風、大雨、大雪等の悪天候のため、作業の実施について危険が予想されるときは、<u>作業を中止する</u>」と定められている。　　　　　　　　　　　解答　⑴

問19　保護帽　R1-後 No.52　　　　➡ 7 有害・危険作業

保護帽の使用に関する次の記述のうち、適当でないものはどれか。

⑴　保護帽は、頭によくあったものを使用し、あごひもは必ず正しく締める。

⑵　保護帽は、見やすい箇所に製造者名、製造年月日等が表示されているものを使用する。

⑶　保護帽は、大きな衝撃を受けた場合でも、外観に損傷がなければ使用できる。

⑷　保護帽は、改造あるいは加工したり、部品を取り除いてはならない。

解説　ヘルメット工業会マニュアルにおいて、「保護帽は、一度でも大きな衝撃を受けた場合、外観に損傷がなくても使用できない」と定められている。
解答　⑶

問20　熱中症対策　H26-No.55　　　　➡ 7 有害・危険作業

事業者が行う熱中症対策に関する次の記述のうち、適当でないものはどれか。

⑴　労働者に対し、高温多湿作業場所の作業を連続して行う時間を短縮する。

⑵　労働者に対し、あらかじめ熱中症予防方法などの労働衛生教育を行う。

⑶　労働者に対し、脱水症を防止するため、塩分の摂取を控えるよう指導する。

⑷　労働者に対し、作業開始前に健康状態を確認する。

解説　労働者に対して、脱水症を防止するために、<u>こまめに塩分を摂取するように指導する</u>。
解答　⑶

第8章 品質管理

1 品質管理一般

出題頻度 ★☆☆

◉ 品質管理の基本事項

　品質管理は、土木工事において、すべての段階における規格を満足するための管理体系であり、計画から実行までを確実に実施することが重要である。

[品質管理の定義]　目的とする機能を得るために、設計・仕様の規格を満足する構造物を最も経済的に作るための、工事のすべての段階における管理体系のことである。

　施工中の管理のみならず、工事の調査、設計、施工、供用すべての段階における内容を包含し、工事担当者全員の認識と協力のもとで、工事の各段階を通じて、一貫した周到な計画、着実な実行があって初めて効果的になる。

[品質管理の条件]　品質管理においては、次の2つの条件が同時に満足することが必要である。

- 構造物が規格を満足していること。
- 工程（原材料、設備、作業者、作業方法など）が安定していること。

[品質管理の効果]　品質管理を行うことにより得られる効果には、次のようなものがある。

- 品質が向上し、不良品の発生やクレームが減少する。
- 品質が信頼される。
- 原価が下がる。
- 無駄な作業が減少し、手直しがなくなる。
- 品質の均一化が図れる。
- 検査の手間を大幅に減らせる。

310　必須問題

● 品質管理手順

[PDCAサイクル] 品質管理の手順は、下記のようなPDCAサイクルを回しながら行う。

Plan（計画）	手順1	管理すべき品質特性を選定し、その特性について品質標準を設定する
	手順2	品質標準を達成するための作業標準（作業の方法）を決める

Do（実施）	手順3	作業標準に従って施工を実施し、品質特性に固有の試験を行い、測定データの採取を行う
	手順4	作業標準（作業の方法）の周知徹底を図る

Check（検討）	手順5	ヒストグラムを作成し、データが品質規格値を満足しているかを判定する
	手順6	同一データにより管理図を作成し、工程をチェックする

Action（処置）	手順7	工程に異常が生じた場合に、原因を追及し、再発防止の処置をとる
	手順8	期間経過に伴い、最新のデータにより手順5以下を繰り返す

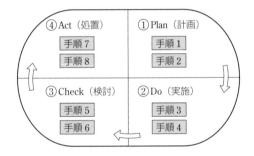

● PDCAサイクル

● 品質特性

[品質特性の選定条件] 品質特性の選定条件は、下記の点に留意する。

- 工程の状況が総合的に表れるもの。
- 構造物の最終の品質に重要な影響を及ぼすもの。
- 選定された品質特性（代用の特性も含む）と最終の品質とは関係が明らかなもの。
- 容易に測定が行える特性であること。

- 工程に対し容易に処置がとれること。

[**品質標準の決定**]　品質標準の決定には、下記の点に留意する。
- 施工にあたって実現しようとする品質の目標を選定する。
- 品質のばらつきの程度を考慮して余裕をもった品質を目標とする。
- 事前の実験により、当初に概略の標準を作り、施工の過程に応じて試行錯誤を行い、標準を改訂していく。

[**作業標準の決定**]　作業標準（作業方法）の決定には、下記の点に留意する。
- 過去の実績、経験及び実験結果を踏まえて決定する。
- 最終工程までを見越した管理が行えるように決定する。
- 工程に異常が発生した場合でも、安定した工程を確保できる作業の手順、手法を決める。
- 標準は明文化し、今後のための技術の蓄積を図る。

2 工種別品質管理　　出題頻度 ★★★

● コンクリートとレディーミクストコンクリート

[**コンクリート**]　コンクリートの品質管理は、骨材及びコンクリートに区分し、特性と試験方法で整理する。

■ コンクリートの品質管理

区分	品質特性	試験方法
骨　材	粒度（細骨材、粗骨材）	ふるい分け試験
	すりへり減量（粗骨材）	すりへり試験
	表面水量（細骨材）	表面水率試験
	密度・吸水率	密度・吸水率試験
コンクリート	スランプ	スランプ試験
	空気量	空気量試験
	単位容積質量	単位容積質量試験
	混合割合	洗い分析試験
	圧縮強度	圧縮強度試験
	曲げ強度	曲げ強度試験

[**レディーミクストコンクリート**]　レディーミクストコンクリートの品質は、下記のように整理する。

強度	1回の試験結果は、呼び強度の強度値の85%以上で、かつ3回の試験結果の平均値は、呼び強度の強度値以上とする			
スランプ〔cm〕	スランプ	2.5	5及び6.5	8〜18	21
	スランプの誤差	±1	±1.5	±2.5	±1.5
空気量〔%〕	普通コンクリート	4.5	空気量の許容差は、すべて±1.5とする		
	軽量コンクリート	5.0			
	舗装コンクリート	4.5			
塩化物含有量	塩化物イオン量として0.30kg/m³以下（承認を受けた場合は0.60kg/m³以下とできる）				

▶ 土工

[土工の品質管理] 土工の品質管理は、材料及び施工現場に区分し、特性と試験方法で整理する。

■ 土工の品質管理

区分	品質特性	試験方法
材料	粒度	粒度試験
	液性限界	液性限界試験
	塑性限界	塑性限界試験
	自然含水比	含水比試験
	最大乾燥密度・最適含水比	突き固めによる土の締固め試験
施工現場	締固め度	土の密度試験
	施工含水比	含水比試験
	CBR	現場CBR試験
	支持力値	平板載荷試験
	貫入指数	貫入試験

▶ 道路・舗装

[路盤工] 路盤工の品質管理は、材料及び施工に区分し、特性と試験方法で整理する。

■ 路盤工の品質管理

区分	品質特性	試験方法
材料	粒度	ふるい分け試験
	塑性指数（PI）	塑性試験
	含水比	含水比試験
	最大乾燥密度・最適含水比	突き固めによる土の締固め試験
施工	締固め度	土の密度試験
	支持力	平板載荷試験、CBR試験

［アスファルト舗装］ アスファルト舗装の品質管理は、材料、プラント及び施工現場に区分し、特性と試験方法で整理する。

■ アスファルトの品質管理

区分	品質特性	試験方法
材料	針入度	針入度試験
	すりへり減量	すりへり試験
	軟石量	軟石量試験
	伸度	伸度試験
	粒度	ふるい分け試験
プラント	混合温度	温度測定
	アスファルト量・合成粒度	アスファルト抽出試験
施工現場	安定度	マーシャル安定度試験
	敷均し温度	温度測定
	厚さ	コア採取による測定
	混合割合	コア採取による試験
	密度（締固め度）	密度試験
	平坦性	平坦性試験

● 鉄筋加工・組立て

［鉄筋加工］

- 曲げ加工した鉄筋の曲げ戻しは原則として行わない。
- 加工は常温で加工するのを原則とする。
- 鉄筋は、原則として溶接してはならない。やむを得ず溶接し、溶接した鉄筋を曲げ加工する場合には、溶接した部分を避けて曲げ加工しなければならない（鉄筋径の10倍以上離れた箇所で行う）。
- 鉄筋の交点の要所は、直径0.8mm以上の焼なまし鉄線または適切なクリップで緊結する。

［鉄筋組立て］

- 組立て用鋼材は、鉄筋の位置を固定するとともに、組立てを容易にする点からも有効である。
- かぶりとは、鋼材（鉄筋）の表面からコンクリート表面までの最短距離で計測した厚さである。
- 型枠に接するスペーサは、モルタル製あるいはコンクリート製を原則として使用する。

必須問題

[継手]

- 継手位置はできるだけ応力の大きい断面を避け、同一断面に集めないことを標準とする。
- 重ね合せの長さは、鉄筋径の20倍以上とする。
- 重ね継手は、直径0.8mm以上の焼なまし鉄線で数箇所緊結する。
- 継手の方法は重ね継手、ガス圧接継手、溶接継手、機械式継手から適切な方法を選定する。
- ガス圧接継手の場合は、圧接面は面取りし、鉄筋径1.4倍以上のふくらみを要する。

3 品質管理図

出題頻度 ★★★

▶ ヒストグラム・工程能力図

　ヒストグラムとは、測定データのばらつき状態をグラフ化したもので、分布状況により規格値に対しての品質の良否を判断する。

[規格値]　品質特性について、製品の許容できる限界値を設定するため、規格中に与えられている限界の値をいう。上限または下限のみを定めた片側規格値と、上下限両方を定めた両側規格値がある。

　建設工事の場合は、共通仕様書等の中で、品質及び出来形の規格値として示されることが多い。

[ヒストグラムの見方]　安定した工程で正常に発生するばらつきをグラフにして、左右対称の山形の滑らかな曲線を正規分布曲線という。ゆとりの状態、平均値の位置、分布形状で品質規格の判断をする。分布状態（品質のばらつき）により、品質規格の判定に用いられるが、時間的順序の情報が把握できない。

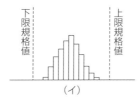

正規分布の状態で、規格値に対するゆとりがあり、
平均値も規格の中央にある。

● ヒストグラムの例

［工程能力図の作成］　ヒストグラムは、規格に対する位置とばらつきの関係はわかるが、品質の時間的情報は把握できない。時間的順序による情報を得る最も簡単なものとして、データを測定した順序に1点ずつ打点し、これに規格値を入れたものが**工程能力図**である。

　工程能力図の作成は、調べる対象の集団を工区などの区間割をして、合理的な群として、各郡の中で時間的順序に従ってデータを記入する。工程能力図は、横軸にサンプル番号を、縦軸に特性値を目盛り、上限規格値及び下限規格値を示す線を引く。各データはそのまま打点し、各点を実線で結ぶ。

［工程能力図の判定］　工程能力図の状態により、それぞれの判定を行う。「安定している状態」はばらつきが少なく、平均値は規格値のほぼ中央にあって規格外れもない状態である。その他、以下のような形がある。

- 突然高くなったり低くなったりする状態
- 次第に上昇するような状態
- ばらつきが次第に増大する状態
- 周期的に変化する状態

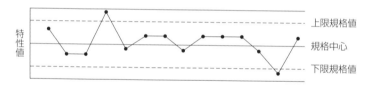

● 工程能力図の例

● 管理図

［管理図の目的］　品質の時間的な変動を加味し、工程の安定状態を判定し、工程自体を管理する。ばらつきの限界を示す上下の管理限界線を示し、工程に異常原因によるばらつきが生じたかどうかを判定する。

［管理図の種類］　厚さ、強度、重量、長さ、時間などの連続的なデータを計量値といい、これらを管理する場合を計量値管理図という。

　本数や回数のような数値的なデータを計数値といい、これらを管理する場合を計数値管理図という。

　建設工事においては、主に計量値管理図のうちの、$\bar{x} - R$管理図と

$x - R_s - R_m$管理図がよく用いられる。$\bar{x}$及びRが管理限界線内であり、特別な偏りがなければ工程は安定している。そうでない場合は、原因を調査して除去し、再発を防ぐ。

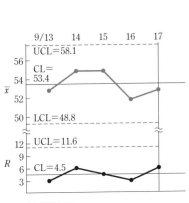

● $\bar{x}-R$管理図の例

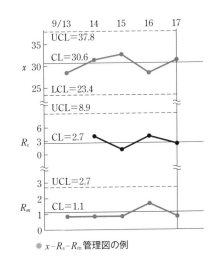

● $x-R_s-R_m$管理図の例

▶ 測定値

[**サンプリング**] 品質管理においては、数多くある製品の一部を取り出し、その一部のデータによって、対象の製品全体の性質を統計的に推測する方法をとる。資料やデータにより調べようとする集団を、母集団という。母集団からある目的を持って抜き取ったものをサンプルといい、母集団から試料として抽出することを、サンプリングという。

[**統計量**] 統計量計算の例題として、測定値が下記の場合の数値を示す。

12 13 14 15 16 17 19 19 19 21 22
測定値数 $n = 11$　　合計187

• **平均値 ($\bar{x}$)**：測定値の単純平均値。

$$\bar{x} = \frac{187}{11} = 17.0$$

• **メディアン (M_e)**：測定値を大きさの順に並べたとき、奇数個の場合は中央値、偶数個の場合は中央2個の平均値。

$$M_e = 17$$

- **モード**（M_o）：測定値の分布のうち最も多く現れる値。

$$M_o = 19$$

- **レンジ**（R）：測定値の最大値と最小値の差。

$$R = 22 - 12 = 10$$

- **残差平方和**（S）：残差$(x - \bar{x})$を2乗した値の和。

$$S = \sum (x - \bar{x})^2 = 108.0$$

- **分散**（s^2）：残差平方和を測定値総数nで除した値。

$$s^2 = \frac{S}{n} = \frac{108.0}{11} = 9.8$$

- **不偏分散**（V）：残差平方を$(n-1)$自由度で除した値。

$$V = \frac{S}{n-1} = \frac{10.8}{10} = 1.08$$

- **標準偏差**（σ）：不偏分散Vの平方根。

$$\sigma = \sqrt{V} = \sqrt{10.8} = 3.29$$

- **変動係数**（C_v）：測定値の標準偏差σと平均値$\bar{x}$の百分比。

$$C_v = \frac{3.29}{17.0} \times 100 = 19.35 \ [\%]$$

必須問題

問1 **品質管理手順** R3-前 No.50 ⇒1 品質管理一般

　工事の品質管理活動における（イ）〜（ニ）の作業内容について、品質管理のPDCA（Plan、Do、Check、Action）の手順として、**適当なもの**は次のうちどれか。

（イ）異常原因を追究し、除去する処置をとる。

（ロ）作業標準に基づき、作業を実施する。

（ハ）統計的手法により、解析・検討を行う。

（ニ）品質特性の選定と、品質規格を決定する。

(1)　（ロ）→（ハ）→（イ）→（ニ）

(2)　（ニ）→（イ）→（ロ）→（ハ）

(3)　（ロ）→（ニ）→（イ）→（ハ）

(4)　（ニ）→（ロ）→（ハ）→（イ）

解説 品質管理のPDCAの手順は、下記の通りとする。

| Plan：品質特性の選定と、品質規格を決定する。 …………（ニ） |

↓

| Do：作業標準に基づき、作業を実施する。 ………………（ロ） |

↓

| Check：統計的手法により、解析・検討を行う。 …………（ハ） |

↓

| Action：異常原因を追及し、除去する処置をとる。 ………（イ） |

よって、(4)の組合せが適当である。 解答　(4)

レディーミクストコンクリート R3-前No.51 ➡ 2 工種別品質管理

レディーミクストコンクリート（JIS A 5308）の品質管理に関する次の記述のうち、<u>適当でないもの</u>はどれか。

(1) レディーミクストコンクリートの品質検査は、すべて工場出荷時に行う。

(2) 圧縮強度試験は、一般に材齢28日で行うが、購入者の指定した材齢で行うこともある。

(3) 品質管理の項目は、強度、スランプ、空気量、塩化物含有量である。

(4) スランプ12cmのコンクリートの試験結果で許容されるスランプの下限値は、9.5cmである。

> 解説 JIS A 5308（2019）の1「適用範囲」において、「この規格は、<u>荷卸し地点まで配達される</u>レディーミクストコンクリートについて規格する」と定められている。
>
> 解答 (1)

土工・盛土 R3-前No.61 ➡ 2 工種別品質管理

盛土の締固めにおける品質管理に関する下記の文章中の ▢▢▢▢ の（イ）～（ニ）に当てはまる語句の組合せとして、<u>適当なもの</u>は次のうちどれか。

・盛土の締固めの品質管理の方式のうち工法規定方式は、使用する締固め機械の機種や締固め ▢（イ）▢ などを規定するもので、品質規定方式は、盛土の ▢（ロ）▢ などを規定する方法である。

・盛土の締固めの効果や性質は、土の種類や含水比、施工方法によって ▢（ハ）▢ 。

・盛土が最もよく締まる含水比は、最大乾燥密度が得られる含水比で ▢（ニ）▢ 含水比である。

	（イ）	（ロ）	（ハ）	（ニ）
(1)	回数	材料	変化しない	最大
(2)	回数	締固め度	変化する	最適
(3)	厚さ	締固め度	変化しない	最適
(4)	厚さ	材料	変化する	最大

解説 盛土の締固めの品質管理の方式のうち工法規定方式は、使用する締固め機械の機種や締固め「回数」などを規定するもので、品質規定方式は、盛土の「締固め度」などを規定する方法である。盛土の締固めの効果や性質は、土の種類や含水比、施工方法によって「変化する」。盛土が最もよく締まる含水比は、最大乾燥密度が得られる含水比で「最適」含水比である。よって(2)の組合せが適当である。 解答 (2)

問4　土工・盛土　R2-後 No.56　⇒ 2 工種別品質管理

土木工事の品質管理における「工種・品質特性」と「確認方法」に関する組合せとして、**適当でないもの**は次のうちどれか。

　　[工種・品質特性]　　　　　　　　　　[確認方法]
(1)　土工・締固め度‥‥‥‥‥‥‥‥‥‥‥‥‥‥RI 計器による乾燥密度測定
(2)　土工・支持力値‥‥‥‥‥‥‥‥‥‥‥‥平板載荷試験
(3)　コンクリート工・スランプ‥‥‥‥‥‥マーシャル安定度試験
(4)　コンクリート工・骨材の粒度‥‥‥‥‥ふるい分け試験

解説 コンクリート工・スランプの確認方法は、スランプ試験において行う。マーシャル安定度試験は、アスファルト舗装の施工現場で行う安定度の確認方法である。 解答 (3)

問5　土工・盛土　R1-後 No.58　⇒ 2 工種別品質管理

盛土の締固めの品質に関する次の記述のうち、**適当でないもの**はどれか。

(1)　最もよく締まる含水比は、最大乾燥密度が得られる含水比で施工含水比である。
(2)　締固めの品質規定方式は、盛土の締固め度などを規定する方法である。
(3)　締固めの工法規定方式は、使用する締固め機械の機種や締固め回数などを規定する方法である。
(4)　締固めの目的は、土の空気間隙を少なくし吸水による膨張を小さくし、土を安定した状態にすることである。

> **解説** 最も効率よく締固め効果が得られる含水比は、最大乾燥密度が得られる含水比のときで最適含水比という。 解答 (1)

| 問6 | **レディーミクストコンクリート** | R1-後 No.59 | ⇒ 2 工種別品質管理 |

呼び強度24、スランプ12cm、空気量4.5%と指定したレディーミクストコンクリート（JIS A 5308）の受入れ時の判定基準を満足しないものは、次のうちどれか。

(1) 3回の圧縮強度試験結果の平均値は、25 N/mm^2 である。

(2) 1回の圧縮強度試験結果は、19 N/mm^2 である。

(3) スランプ試験の結果は、10.0 cm である。

(4) 空気量試験の結果は、3.0% である。

> **解説** (1) 3回の圧縮強度試験結果の平均値 (25 N/mm^2) は、購入者の指定した呼び強度の強度値 (24 N/mm^2) 以上であり、満足する。
> (2) 1回の圧縮強度試験結果 (19 N/mm^2) は、購入者の指定した呼び強度の強度値 (24 N/mm^2) の85%(24 × 0.85 = 20.4 N/mm^2) 以下であり、満足しない。
> (3) スランプ12cmの場合の誤差は ± 2.5cm (9.5〜14.5cm) であり、満足する。
> (4) 空気量の許容差は ± 1.5 (1.5〜4.5%) であり、満足する。 解答 (2)

| 問7 | **道路・舗装** | H29-前 No.56 | ⇒ 2 工種別品質管理 |

アスファルト舗装の路床の強さを判定するために行う試験として、適当なものは次のうちどれか。

(1) PI (塑性指数) 試験

(2) CBR 試験

(3) マーシャル安定度試験

(4) すりへり減量試験

必須問題

解説 (1)の「PI (塑性指数) 試験」は、土の塑性状態にある含水量の大きさを調べる試験 (不適)。

(3)の「マーシャル安定度試験」は、アスファルト混合物の配合設計を決定するための試験 (不適)。

(4)の「すりへり減量試験」は、骨材のすりへりに対する抵抗力を調査する試験 (不適)。 解答 (2)

問8 ヒストグラム R3-前No.60　　　　　⇒ 3 品質管理図

A工区、B工区における測定値を整理した下図のヒストグラムについて記載している下記の文章中の _____ の (イ)〜(ニ) に当てはまる語句の組合せとして、**適当なもの**は次のうちどれか。

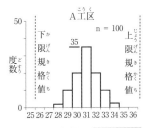

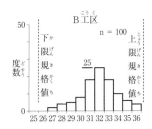

・ヒストグラムは測定値の __(イ)__ の状態を知る統計的手法である。

・A工区における測定値の総数は __(ロ)__ で、B工区における測定値の最大値は、__(ハ)__ である。

・より良好な結果を示しているのは __(ニ)__ の方である。

	（イ）	（ロ）	（ハ）	（ニ）
(1)	ばらつき	100	25	B工区
(2)	時系列変化	50	36	B工区
(3)	ばらつき	100	36	A工区
(4)	時系列変化	50	25	A工区

解説 ヒストグラムは測定値の「ばらつき」の状態を知る統計的手法である。A工区における測定値の総数は「100」で、B工区における測定値の最大値は、「36」である。より良好な結果を示しているのは「A工区」の方で、(3)の組合せが適当である。 解答 (3)

品質管理に用いる $\bar{x}-R$ 管理図の作成にあたり、下表の測定結果から求められる A 組の $\bar{x}$ と R の数値の組合せとして、適当なものは次のうちどれか。

組番号	x_1	x_2	x_3	$\bar{x}$	R
A組	23	28	24		
B組	23	25	24		
C組	27	27	30		

	$\bar{x}$	R
(1)	25 ················	5
(2)	28 ················	4
(3)	25 ················	3
(4)	23 ················	1

解説 $\bar{x}-R$ 管理図において、各記号は下記の値を示す。ただし、$\bar{x}$ は測定値の平均値、R は測定値の最大値と最小値の差とする。

組番号	x_1	x_2	x_3	$\bar{x}$	R
A組	23	28	24	25	5
B組	23	25	24	24	2
C組	27	27	30	28	3

よって(1)の組合せが適当である。 解答 (1)

$\bar{x}-R$ 管理図の作成にあたり、下記のデータシート A～D 組の $\bar{x}$ と R の値について、両方とも正しい組は、次のうちどれか。

組	測定値			$\bar{x}$	R
	x_1	x_2	x_3		
A	40	37	37	38	5
B	38	41	44	43	6
C	38	40	39	40	4
D	42	42	45	43	3

(1) A組 　(2) B組 　(3) C組 　(4) D組

解説 $\bar{x}-R$ 管理図において、各記号は下記の値を示す（なお、$\bar{x}$ は測定値の平均値、R は測定値の最大値と最小値の差である）。

組	測定値			$\bar{x}$	R
	x_1	x_2	x_3		
A	40	37	37	38	3
B	38	41	44	41	6
C	38	40	39	39	2
D	42	42	45	43	3

$\bar{x}$、R が両方正しいのは(4)の D 組である。　　　　　　　　　　　解答　(4)

問11　ヒストグラム　H29-前No.57　　　　　　　　　⇒ 3 品質管理図

品質管理に用いるヒストグラムに関する次の記述のうち、適当でないものはどれか。

(1) ヒストグラムの形状が度数分布の山が左右二つに分かれる場合は、工程に異常が起きていると考えられる。

(2) ヒストグラムは、データの存在する範囲をいくつかの区間に分け、それぞれの区間に入るデータの数を度数として高さで表す。

(3) ヒストグラムは、時系列データの変化時の分布状況を知るために用いられる。

(4) ヒストグラムは、ある品質で作られた製品の特性が、集団としてどのような状態にあるかが判定できる。

解説　ヒストグラムは、測定データのばらつき状態をグラフ化し、分布状況により品質の良否を判断するために用いられる。　　　　　　　　　解答　(3)

第 9 章

環境保全対策

1 環境保全対策一般

出題頻度 ★★★

● 建設工事と環境保全対策

　建設工事の施工により周辺の生活環境の保全に関する事項としては、下記の点が挙げられ、それぞれの対策として、各種法令・法規が定められている。

- 騒音・振動対策 ➡ **騒音規制法、振動規制法**
- 大気汚染 ➡ 大気汚染防止法
- 水質汚濁 ➡ 水質汚濁防止法
- 地盤沈下 ➡ 工業用水法、ビル用水法などの法令による地下水採取、揚水規制及び条例による規制
- 交通障害 ➡ 各種道路交通関係法令、建設工事公衆災害防止対策
- 廃棄物処理 ➡ **廃棄物の処理及び清掃に関する法律（廃棄物処理法）**

2 騒音・振動対策

出題頻度 ★★

● 騒音規制法・振動規制法

　騒音規制法及び振動規制法のいずれも、ほぼ同様の項目が定められている。

[指定地域] 住民の生活環境を保全するため、下記の条件の地域を規制地域として指定する。

- 良好な住居環境の地域で静穏の保持を必要とする区域。
- 住居専用地域で静穏の保持を必要とする区域。
- 住工混住地域で相当数の住居が集合する区域。
- 学校、保育所、病院、図書館、特養老人ホームの周囲80mの区域。

[特定建設作業] 建設工事の作業のうち、著しい騒音または振動を発生す

る作業として、下記の作業が定められている（開始した日に終わる作業は除外）。

- 騒音規制法：杭打機・杭抜機、鋲打機、削岩機、空気圧縮機、バックホウ、トラクタショベル、ブルドーザをそれぞれ使用する作業。
- 振動規制法：杭打機・杭抜機、舗装版破砕機、ブレーカをそれぞれ使用する作業、鋼球を使用して工作物を破壊する作業。

［**規制基準**］ 規制基準としては、下記の項目が定められている（音量、振動以外は共通）。

■ 規制基準

規制項目		指定地域	指定地域外
作業禁止時間		午後7時～翌日の午前7時	午後10時～翌日の午前6時
作業時間		1日10時間まで	1日14時間まで
連続日数		連続して6日を超えない	
休日作業		日曜日その他の休日には発生させない	
規制値	騒音	音量が敷地境界線において85dBを超えない	
	振動	振動が敷地境界線において75dBを超えない	

※災害・非常事態、人命・身体危険防止の緊急作業については上記規制の適用を除外する。

［**届出**］ 指定地域内で特定建設作業を行う場合には、7日前までに市町村長へ届け出る。ただし、災害など緊急の場合はこの限りではないが、できるだけ速やかに届け出る。

▶ 施工における騒音・振動防止対策

［**防止対策の基本**］ 対策は、発生源において実施することが基本である。騒音・振動は発生源から離れるほど低減される。影響の大きさは、発生源そのものの大きさ以外にも、発生時間帯、発生時間及び連続性などに左右される。

［**測定・調査**］ 調査は地域を代表する地点、すなわち、影響が最も大きいと思われる地点を選んで実施する。騒音・振動は周辺状況、季節、天候などの影響により変動するので、測定は平均的な状況を示すときに行う。

　施工前と施工中との比較を行うため、日常発生している暗騒音、暗振動を事前に調査し把握する必要がある。

［**施工計画**］ 作業時間は周辺の生活状況を考慮し、できるだけ短時間で、

昼間工事が望ましい。騒音・振動の発生量は施工方法や使用機械に左右されるので、できるだけ<u>低騒音・低振動の施工方法、機械を選択する</u>。騒音・振動の発生源は、居住地から遠ざけ、<u>距離による低減を図る</u>。

　なお、工事による影響を確認するために、施工中や施工後においても周辺の状況を把握し、対策を行うこと。

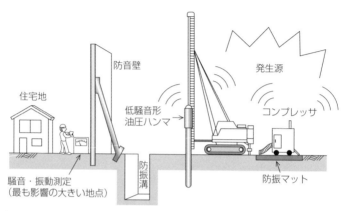

● 施工における騒音・振動対策

［埋込み杭の低公害対策］

- プレボーリング工法：低公害工法であるが、最終作業としてハンマによる打込みがあるため、騒音規制法は除外されるが、振動規制法の指定は受ける。
- 中掘工法：低公害工法であり、大口径・既製杭に多く利用される。
- ジェット工法：砂地盤に多く利用される。送水パイプの取り付け方によっては、騒音が発生する。

［打設杭の低公害対策］

- バイブロハンマ：騒音・振動ともに発生するが、ディーゼルパイルハンマに比べ影響は小さい。
- ディーゼルパイルハンマ：全体カバー方式で用いれば、騒音は低減できる。
- 油圧ハンマ：低公害型として、近年多く用いられる。

問1 **建設工事と環境保全対策** R3-前No.52 ⇒1 環境保全対策一般

　建設工事における環境保全対策に関する次の記述のうち、**適当でないもの**はどれか。

(1)　土工機械は、常に良好な状態に整備し、無用な摩擦音やガタつき音の発生を防止する。

(2)　空気圧縮機や発動発電機は、騒音、振動の影響の少ない箇所に設置する。

(3)　運搬車両の騒音・振動の防止のためには、道路及び付近の状況によって必要に応じて走行速度に制限を加える。

(4)　アスファルトフィニッシャは、敷均しのためのスクリード部の締固め機構において、バイブレータ式の方がタンパ式よりも騒音が大きい。

> 解説　アスファルトフィニッシャは、敷均しのためのスクリード部の締固め機構において、バイブレータ式またはタンパ式の低騒音対策がなされている。タンパ式は打撃による強力な衝撃が発生するので、バイブレータ式よりも騒音が大きい。
>
> 解答 (4)

問2 **建設工事と環境保全対策** R2-後No.60 ⇒1 環境保全対策一般

　建設工事における環境保全対策に関する次の記述のうち、**適当でないもの**はどれか。

(1)　建設公害の要因別分類では、掘削工、運搬・交通、杭打ち・杭抜き工、排水工の苦情が多い。

(2)　土壌汚染対策法では、一定の要件に該当する土地所有者に、土壌の汚染状況の調査と市町村長への報告を義務付けている。

(3)　造成工事などの土工事に伴う土ぼこりの防止には、防止対策として容易な散水養生が採用される。

(4)　騒音の防止方法には、発生源での対策、伝搬経路での対策、受音点での

対策がある。

解説　土壌汚染対策法第3条では、一定の要件に該当する土地所有者に、土壌の汚染状況の調査と都道府県知事への報告を義務付けている。　解答　(2)

問3　建設工事と環境保全対策　H28-No.60　⇒1 環境保全対策一般

建設工事に伴う土工作業における地域住民の生活環境の保全対策に関する次の記述のうち、**適当でないもの**はどれか。

(1)　切土による水の枯渇対策については、事前対策が困難なことから一般に枯渇現象の発生後に対策を講ずる。

(2)　盛土箇所の風によるじんあい防止については、盛土表面への散水、乳剤散布、種子吹付けなどによる防塵処理を行う。

(3)　土工作業における騒音、振動の防止については、低騒音、低振動の工法や機械を採用する。

(4)　土運搬による土砂飛散防止については、過積載防止、荷台のシート掛けの励行、現場から公道に出る位置に洗車設備の設置を行う。

解説　切土による水の枯渇対策については、現場条件の事前調査において、地下水状況などを把握し事前に対策を講ずる必要がある。　解答　(1)

問4　騒音規制法・振動規制法　R1-後No.60　⇒2 騒音・振動対策

建設工事における地域住民の生活環境の保全対策に関する次の記述のうち、**適当なもの**はどれか。

(1)　振動規制法上の特定建設作業においては、規制基準を満足しないことにより周辺住民の生活環境に著しい影響を与えている場合には、都道府県知事より改善勧告、改善命令が出される。

(2)　振動規制法上の特定建設作業においては、住民の生活環境を保全する必要があると認められる地域の指定は、市町村長が行う。

必須問題

(3) 施工にあたっては、あらかじめ付近の居住者に工事概要を周知し、協力を求めるとともに、付近の居住者の意向を十分に考慮する必要がある。

(4) 騒音・振動の防止策として、騒音・振動の絶対値を下げること及び発生期間の延伸を検討する。

解説 (1) 振動規制法上の特定建設作業においては、規制基準を満足しないことにより周辺住民の生活環境に著しい影響を与えている場合には、<u>市町村長より改善勧告、改善命令が出される</u>ため、不適。

(2) 振動規制法上の特定建設作業においては、住民の生活環境を保全する必要があると認められる地域の指定は<u>都道府県知事が行う</u>ため、不適。

(3) 施工にあたっては、あらかじめ付近の居住者に協力を求めるため工事概要を周知し、付近の居住者の意向を十分に考慮しなければならない。

(4) 騒音・振動の防止策として、<u>騒音・振動の規制値以下とするとともに、低騒音、低振動の施工方法を行う</u>ため、不適。 　　　　解答 (3)

問5 **建設機械の騒音・振動対策** **H29-前 No.60** ➡ 2 騒音・振動対策

建設工事における建設機械の騒音振動対策に関する次の記述のうち、<u>適当でないもの</u>はどれか。

(1) 車輪式（ホイール式）の建設機械は、移動時の騒音振動が大きいので、履帯式（クローラ式）の建設機械を用いる。

(2) 建設機械の騒音は、エンジンの回転速度に比例するので、無用なふかし運転は避ける。

(3) 作業待ち時は、建設機械などのエンジンをできる限り止めるなど騒音振動を発生させない。

(4) 建設機械は、整備不良による騒音振動が発生しないように点検、整備を十分に行う。

解説 車輪式（ホイール式）の建設機械は、履帯式（クローラ式）の建設機械より、<u>移動時の騒音振動が小さい</u>。住宅地では車輪式（ホイール式）の使用が適している。 　　　　解答 (1)

建設工事における騒音振動対策に関する次の記述のうち、**適当でないもの**はどれか。

(1) 建設機械は、一般に形式により騒音振動が異なり、空気式のものは油圧式のものに比べて騒音が小さい傾向がある。

(2) 建設機械は、整備不良による騒音振動が発生しないように点検、整備を十分に行う。

(3) 建設機械は、一般に老朽化するにつれ、機械各部に緩みや摩耗が生じ、騒音振動の発生量も大きくなる。

(4) 建設機械による掘削、積込み作業は、できる限り衝撃力による施工を避け、不必要な高速運転や無駄な空ぶかしを避ける。

解説 建設機械は、一般に形式により騒音振動が異なり、空気式のものは油圧式のものに比べて騒音が大きい傾向がある。　　　　解答　(1)

必須問題

建設副産物・産業廃棄物

必須 問題

1 建設副産物・資源の有効利用

出題頻度 ★★★

▶ 建設リサイクル法（建設工事に係る資材の再資源化に関する法律）

[**特定建設資材**] 特定建設資材とは、建設工事において使用するコンクリート、木材その他建設資材が建設資材廃棄物となった場合に、その再資源化が資源の有効な利用及び廃棄物の減量を図るうえで特に必要であり、かつ、その再資源化が経済性の面において制約が著しくないと認められるものとして政令で定められるもので、下記の4資材が定められている。

- コンクリート
- コンクリート及び鉄からなる建設資材
- 木材
- アスファルト・コンクリート

[**分別解体・再資源化**] 分別解体及び再資源化等の義務として、対象建設工事の規模が定められている。

- 建築物の解体：床面積80m² 以上
- 建築物の新築：床面積500m² 以上
- 建築物の修繕・模様替：工事費1億円以上
- その他の工作物（土木工作物等）：工事費500万円以上

[**届出等**] 対象建設工事の発注者または自主施工者は、工事着手の7日前までに、建築物等の構造、工事着手時期、分別解体等の計画について、都道府県知事に届け出る。

　解体工事においては、建設業の許可が不要な小規模解体工事業者も都道府県知事の登録を受け、5年ごとに更新する。

◉ 資源利用法（資源の有効な利用の促進に関する法律）

[建設指定副産物] 建設工事に伴って副次的に発生する物品で、再生資源として利用可能なものとして、次の4種が指定されている。

- 建設発生土：構造物埋戻し・裏込め材料、道路盛土材料、河川築堤材料など
- コンクリート塊：再生骨材、道路路盤材料、構造物基礎材
- アスファルト・コンクリート塊：再生骨材、道路路盤材料、構造物基礎材
- 建設発生木材：製紙用及びボードチップ（破砕後）

[再生資源利用計画・再生資源利用促進計画] 建設工事において、建設資材を搬入する場合あるいは指定副産物を搬出する場合には、それぞれ下記の要領により「再生資源利用計画」、「再生資源利用促進計画」を策定することが義務付けられている。

■ 再生資源利用計画／再生資源利用促進計画

	再生資源利用計画	再生資源利用促進計画
計画作成工事	次のどれかに該当する建設資材を搬入する建設工事 1.土砂：体積1,000m³以上 2.砕石：重量500t以上 3.加熱アスファルト混合物：重量200t以上	次のどれかに該当する指定副産物を搬出する建設工事 1.建設発生土　：体積1,000m³以上 2.コンクリート塊、アスファルト・コンクリート塊、建設発生木材：合計重量200t以上
定める内容	1.建設資材ごとの利用量 2.利用量のうち再生資源の種類ごとの利用量 3.その他、再生資源の利用に関する事項	1.指定副産物の種類ごとの搬出量 2.指定副産物の種類ごとの再資源化施設または他の建設工事現場等への搬出量 3.その他、指定副産物にかかわる再生資源の利用の促進に関する事項
保存	当該工事完成後1年間	当該工事完成後1年間

2 産業廃棄物

◉ 廃棄物処理法（廃棄物の処理及び清掃に関する法律）

[廃棄物の種類] 廃棄物の種類と具体的な品目について、下記に分類される。

- 一般廃棄物：産業廃棄物以外の廃棄物で、紙類、雑誌、図面、飲料空き缶、生ごみ、ペットボトル、弁当がら等
- 産業廃棄物：事業活動に伴って生じた廃棄物のうち法令で定められた20種類のもの（ガラスくず、陶磁器くず、がれき類、紙くず、繊維くず、木くず、

金属くず、汚泥、燃え殻、廃油、廃酸、廃アルカリ、廃プラスチック類等）

- 特別管理一般廃棄物及び特別管理産業廃棄物：爆発性、感染性、毒性、有害性があるもの

［産業廃棄物管理票（マニフェスト）］ 廃棄物処理法第12条の3により、産業廃棄物管理票（マニフェスト）の規定が示されている。マニフェストは1冊が7枚綴りの複写で、A、B1、B2、C1、C2、D、Eの用紙が綴じ込まれている。扱いなどは以下の通り。

- 排出事業者（元請人）が、廃棄物の種類ごとに収集運搬及び処理を行う受託者に交付する。
- マニフェストには、種類、数量、処理内容等の必要事項を記載する。
- 収集運搬業者はA票を、処理業者はD票を事業者に返送する。
- 排出事業者は、マニフェストに関する報告を都道府県知事に、年1回提出する。
- マニフェストの写しを送付された事業者、収集運搬業者、処理業者は、この写しを5年間保存する。

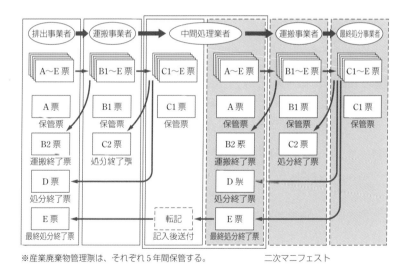

● マニフェスト

過去問チャレンジ（章末問題）

問1 **建設リサイクル法** R3-前No.53　➡1建設副産物・資源の有効利用

「建設工事に係る資材の再資源化等に関する法律」（建設リサイクル法）に定められている特定建設資材に該当しないものは、次のうちどれか。

(1) アスファルト・コンクリート

(2) 建設発生土

(3) 木材

(4) コンクリート

> 解説　建設リサイクル法に定められている特定建設資材は、「アスファルト・コンクリート」「木材」「コンクリート」、「コンクリート及び鉄からなる建設資材」の4品目である。建設発生土は該当しない。　　解答 (2)

問2 **建設リサイクル法** H21-No.61　➡1建設副産物・資源の有効利用

建設廃棄物等の循環資源が適正・有効に利用・処分される「循環型社会」に向けた対策に関する下記の文章の □□□□ に当てはまる適切な語句の組合せとして、次のうち適当なものはどれか。

道路工事からの建設副産物については、設計段階で副産物の □(イ)□ に努めるとともに、建設工事から発生する副産物のうち建設発生土は道路盛土材料として □(ロ)□ され、コンクリート塊やアスファルト・コンクリート塊は工事現場から再資源施設へ運搬し、再生資材として □(ハ)□ を図る。

工事現場から搬出する建設廃棄物の □(ニ)□ の処理については、マニフェストの交付により処理が確実に完了したことを排出事業者は確認しなければならない。

必須問題

| （イ） | （ロ） | （ハ） | （ニ） |

(1) 再生利用 …………… 再使用 …………… 発生抑制 …………… 最終処分

(2) 再使用 …………… 分別処理 …………… 再生利用 …………… 最終処分

(3) 発生抑制 …………… 再使用 …………… 再生利用 …………… 適正処分

(4) 分別処理 …………… 再生利用 …………… 再使用 …………… 適正処分

解説　道路工事からの建設副産物については、設計段階で副産物の「発生抑制」に努めるとともに、建設工事から発生する副産物のうち建設発生土は道路盛土材料として「再使用」され、コンクリート塊やアスファルト・コンクリート塊は工事現場から再資源施設へ運搬し、再生資材として「再生利用」を図る。

工事現場から搬出する建設廃棄物の「適正処分」の処理については、マニフェストの交付により処理が確実に完了したことを排出事業者は確認しなければならない。よって(3)の組合せが適当である。　　　　　　　解答　(3)

問3　廃棄物の種類　H28-No.61　　　　　　　➡ 2 産業廃棄物

　建設工事から発生する廃棄物の種類に関する記述のうち、「廃棄物の処理及び清掃に関する法律」上、**誤っているもの**はどれか。

(1)　工作物の除去に伴って生ずるコンクリートの破片は、産業廃棄物である。

(2)　防水アスファルトやアスファルト乳剤の使用残さなどの廃油は、産業廃棄物である。

(3)　工作物の新築に伴って生ずる段ボールなどの紙くずは、一般廃棄物である。

(4)　灯油類などの廃油は、特別管理産業廃棄物である。

解説　工作物の新築に伴って生ずる段ボールなどの紙くずは産業廃棄物である。　　　　　　　　　　　　　　　　　　　　　　　解答　(3)

建設現場で発生する産業廃棄物の処理に関する次の記述のうち、<u>適当でないもの</u>はどれか。

(1) 事業者は、産業廃棄物の処理を委託する場合、産業廃棄物の発生から最終処分が終了するまでの処理が適正に行われるために必要な措置を講じなければならない。

(2) 産業廃棄物の収集運搬にあたっては、産業廃棄物が飛散及び流出しないようにしなければならない。

(3) 産業廃棄物管理票（マニフェスト）の写しの保存期間は、関係法令上5年間である。

(4) 産業廃棄物の処理責任は、公共工事では原則として発注者が責任を負う。

解説　公共工事においては<u>受注者が事業者として、産業廃棄物の処理責任を負う</u>。

解答　(4)

必須問題

索引

〈著者略歴〉

速水洋志（はやみ　ひろゆき）
1968年東京農工大学農学部農業生産工学科卒業。株式会社栄設計に入社。以降建設コンサルタント業務に従事。2001年に株式会社栄設計代表取締役に就任。現在は速水技術プロダクション代表、株式会社三建技術技術顧問、株式会社ウォールナット技術顧問
資格：技術士（総合技術監理部門、農業土木）、環境再生医（上級）
著書：『わかりやすい土木の実務』『わかりやすい土木施工管理の実務』（オーム社）『土木のずかん』（オーム社：共著）他

吉田勇人（よしだ　はやと）
現在は株式会社栄設計に所属
資格：1級土木施工管理技士、測量士、RCCM（農業土木）
著書：『土木のずかん』（オーム社、共著）、『基礎からわかるコンクリート』（ナツメ社、共著）他

水村俊幸（みずむら　としゆき）
1979年東洋大学工学部土木工学科卒業。株式会社島村工業に入社。以降、土木工事の施工、管理、設計、積算業務に従事。現在は中央テクノ株式会社に所属。NPO法人彩の国技術士センター理事
資格：技術士（建設部門）、RCCM（農業土木）、コンクリート診断士、コンクリート技士、1級土木施工管理技士、測量士
著書：『土木のずかん』『すぐに使える！ 工事成績評定85点獲得のコツ』（オーム社、共著）、『基礎からわかるコンクリート』（ナツメ社、共著）他

- 本書の内容に関する質問は、オーム社ホームページの「サポート」から、「お問合せ」の「書籍に関するお問合せ」をご参照いただくか、または書状にてオーム社編集局宛にお願いします。お受けできる質問は本書で紹介した内容に限らせていただきます。なお、電話での質問にはお答えできませんので、あらかじめご了承ください。
- 万一、落丁・乱丁の場合は、送料当社負担でお取替えいたします。当社販売課宛にお送りください。
- 本書の一部の複写複製を希望される場合は、本書扉裏を参照してください。
[JCOPY] ＜出版者著作権管理機構　委託出版物＞

これだけマスター
2級土木施工管理技士　第一次検定

2022年3月22日　　第1版第1刷発行

著　　者　　速水洋志・吉田勇人・水村俊幸
発行者　　村上和夫
発行所　　株式会社　オーム社
　　　　　　郵便番号　101-8460
　　　　　　東京都千代田区神田錦町3-1
　　　　　　電話　03(3233)0641(代表)
　　　　　　URL https://www.ohmsha.co.jp/

© 速水洋志・吉田勇人・水村俊幸 2022

組版 BUCH+　　印刷・製本　図書印刷
ISBN978-4-274-22835-3　Printed in Japan

本書の感想募集 https://www.ohmsha.co.jp/kansou/
本書をお読みになった感想を上記サイトまでお寄せください。
お寄せいただいた方には、抽選でプレゼントを差し上げます。

関連書籍のご案内

わかりやすい
土木施工管理の実務

速水洋志——著

A5判 | 264頁 | 定価(本体2500円【税別】)

土木施工業務の全体像を一冊に凝縮！実務レベルで役立つ内容！

高度成長期以降に構築されたインフラの
整備・震災復興需要など、
大規模な土木工事が相次いで行われるため、
今後土木施工管理技術者が圧倒的に不足する見通しです。
そのような社会背景をふまえ、
これから土木施工に携わる方や初級土木施工技術者を対象に、
土木施工の管理の実務の初歩的な知識などを
体系的にまとめました。
現場に1冊必要な実務入門書です。

このような方におすすめ！

土木系の
工業高校生～大学生

土木・造園施工関連企業の
新入社員

若手技術者

主要目次

1章 施工管理の概要
…施工管理とは?

2章 施工の準備
…発注までの準備をしっかりと

3章 土木一般
…土台と骨組みをしっかりと

4章 建設関連法規
…コンプライアンスをしっかりと

5章 施工計画
…施工の手順をしっかりと

6章 工程管理
…工事の段取りをしっかりと

7章 安全管理
…災害防止対策をしっかりと

8章 品質管理
…良いものをしっかりと造る

9章 環境保全管理
…人に地球にやさしく

巻末資料 現場で役立つ
土木の基本公式
…ちょっと忘れたときに見てみよう

もっと詳しい情報をお届けできます.

◎書店に商品がない場合または直接ご注文の場合も
右記宛にご連絡ください.

ホームページ https://www.ohmsha.co.jp/
TEL／FAX TEL.03-3233-0643 FAX.03-3233-3440

(定価は変更される場合があります)

D-1507-117